塔河复杂油气藏含水上升规律研究

陈　青　吴婷婷　何彦庆　石世革　王旭东　著

U0263241

科学出版社

北　京

内 容 简 介

本书以塔河油田复杂油气藏为例,在利用水驱特征曲线研究砂岩油藏含水变化规律的基础上,介绍缝洞型碳酸盐岩油藏的含水变化规律及油水分布模式,包括油藏含水率曲线及用于识别水窜时的分类,油井水窜的判断标准,堵水方式的适应性评价,水驱曲线特征和单井水驱曲线多样性分析,缝洞单元油水界面评价以及流体分布模式;分析塔河一、九区底水砂岩油藏水平井的出水规律,包括油藏产水特征,水平井出水判别、渗流特征以及出水模式。

本书主要适用于油田勘探开发领域的研究人员以及石油相关院校师生参考阅读。

图书在版编目(CIP)数据

塔河复杂油气藏含水上升规律研究/陈青等著. —北京:科学出版社,2017.9

ISBN 978-7-03-054234-2

Ⅰ.①塔⋯ Ⅱ.①陈⋯ Ⅲ.①砂岩油气藏–水压驱动–研究–塔河县 Ⅳ.①TE343

中国版本图书馆 CIP 数据核字 (2017) 第 210308 号

责任编辑:张 展 郑述方/责任校对:江 茂
封面设计:墨创文化/责任印制:罗 科

科学出版社 出版

北京东黄城根北街16号
邮政编码:100717
http://www.sciencep.com

成都锦瑞印刷有限责任公司 印刷
科学出版社发行 各地新华书店经销

*

2017 年 9 月第 一 版 开本:787×1092 1/16
2017 年 9 月第一次印刷 印张:15
字数:360 千字
定价:158.00 元
(如有印装质量问题,我社负责调换)

前　　言

在油藏注水开发过程中，随着注水工作的不断深入，油井逐渐见水，且含水率将不断升高，含水上升必然影响油田的产量和有关的开发技术政策，给油田开发带来一系列棘手的问题，因此研究含水上升规律，根据含水上升规律和特点，控制或延缓含水上升速度，对保持油田稳产、降低开采成本非常重要。

通常油田含水上升规律的研究采用水驱特征曲线法，即水驱油藏全部投入开发并达到稳产后，其含水率达到一定程度并逐步上升时，累积产水量与累积产油量或水油比与累计产油量在半对数坐标轴上构成的关系。塔河油田缝洞型碳酸盐岩油气藏具有严重的非均质性，油井含水上升的变化规律与常规砂岩油气藏表现出很大的不同。因此，将底水砂岩油藏与缝洞型碳酸盐岩油藏进行对比研究，利用油田开发中的实际生产数据，进而分析、认识塔河复杂性油藏的含水变化规律特征，为制定油田规划、调控技术对策提供依据。

本书编写的内容分为 4 章，第 1 章介绍砂岩油藏水驱特征曲线的理论推导、反演以及水驱特征曲线的分类，并且对直线段及上翘部分进行研究，分析砂岩油藏水驱特征曲线的适用条件及目前的主要应用方面。第 2 章详细介绍含水率曲线的分类、含水率曲线用于油井水窜识别时的几种分类情况，并给出油井水窜的判断标准和类型判定，在此基础上评价堵水方式的适应性，此外针对塔河缝洞型油藏的水驱曲线特征和单井水驱曲线多样性特征进行介绍。第 3 章对油藏油水分布模式进行研究，基于塔河油田缝洞型油藏多年来的开发经验，阐述其地质开发的特殊性，以此分析塔河油藏缝洞单元油水分布模式的特殊性，并以实例为基础详细介绍缝洞单元油水界面的评价方法。第 4 章主要介绍塔河一、九区底水砂岩油藏水平井的出水规律，包括油藏的产水特征分析、水平井出水模式分析。在本书的研究和撰写过程中，要衷心感谢闫长辉老师为我们提出的建议，以及何勇明、刘伟老师的大力协助，同时我们参考了大量的资料和书籍，其中一部分已在书后参考文献中列出，在此谨对原作者表示深切的谢意！

由于我们水平有限，在编写过程中难免有遗漏和错误，我们诚挚地欢迎广大读者批评指正和提出宝贵意见，使本书日渐完善。

作　者

目　　录

第1章 砂岩油藏水驱特征曲线研究

生产实践表明，一个天然水驱或人工水驱的油藏，当它全部投入开发并达到稳产后，其含水率达到一定程度并逐步上升时，累计产水量(W_p)与累计产油量(N_p)或水油比(WOR)与累计产油量(N_p)在半对数坐标纸上构成的关系图，称为水驱特征曲线。水驱特征曲线是水驱油田开发动态的基本曲线，是地层岩石相渗特征在生产规律上的宏观反映，表征含水率与采出程度的关系曲线，是预测水驱油田未来开发动态和最终采收率的重要手段，并已得到广泛应用。

水驱特征曲线法可用来研究油田含水规律、预测开采指标以及标定可采储量，该方法主要是利用油田开发中的实际生产数据，经一定的数学模型与辨识，来分析、认识含水规律，提高预测指标的可靠性，并为制定油田规划、调控技术对策提供依据[1]。

1.1 经典水驱特征曲线理论推导

水驱特征曲线首先以经验公式的形式出现，以苏联学者建立的水驱曲线为代表，1981年我国学者童宪章在油藏水驱规律曲线研究的基础上，首次将水驱曲线分为三种形式：甲型、乙型和丙型，阐述了三种水驱曲线的绘制方法以及其所反映的基本规律。随后，陈元千基于油水两相的驱替理论及相关实验研究，对已有的水驱曲线关系进行了较为完善的理论推导，并赋予其物理意义。

近年来，水驱特征曲线的发展已经比较完善，目前常用的水驱特征曲线已有40多种应用于油田[2]，可以对累计产油、累计产水、累计产液、产油量、产水量、产液量、含水率、水油比、可采储量等各项指标进行预测。

经典水驱特征曲线理论推导，以陈元千对甲型水驱关系式的推导为例，该型水驱曲线关系式的推导如下[2]。

在油水两相渗流的条件下，油水两相的相对渗透率比随出口端含水饱和度的变化，可由如下的指数关系式表示：

$$\frac{K_{ro}}{K_{rw}} = \frac{K_o/K}{K_w/K} = \frac{K_o}{K_w} = n\mathrm{e}^{-mS_w} \tag{1-1}$$

式中，K_{ro}、K_{rw}分别为油、水相对渗透率，无量纲；S_w为含水饱和度，%。

在水驱的稳定渗流条件下，油水的相渗透率比与油、水产量之间存在如下关系式：

$$\frac{K_o}{K_w} = \frac{Q_o\mu_o B_o \gamma_w}{Q_w\mu_w B_w \gamma_o} \tag{1-2}$$

式中，Q_o 为(地下)产液量，万 m³；μ_o、μ_w 分别为地层原油和地层水黏度，cP；γ_o、γ_w 分别为地层原油和地面水比重；B_w 为地层水体积系数。

将式(1-2)带入式(1-1)得产水量：

$$Q_w = Q_o \frac{\mu_o B_o \gamma_w}{n \mu_w B_w \gamma_o} e^{mS_w} \tag{1-3}$$

已知油田的累计产水量为

$$W_p = \int_0^1 Q_w \mathrm{d}t \tag{1-4}$$

将式(1-3)代入式(1-4)得

$$W_p = \frac{\mu_o B_o \gamma_w}{n \mu_w B_w \gamma_o} \int_0^1 Q_o e^{mS_w} \cdot \mathrm{d}t \tag{1-5}$$

在注水保持地层压力的条件下，原油目前体积系数 $B_o = B_{oi}$，因此水驱油田累计产油量可表示为

$$N_p = 100 F h \phi \frac{\gamma_o}{B_{oi}} (\bar{S}_w - S_{wi}) \tag{1-6}$$

式中，N_p 为累计产油量，万 m³；F 为含油面积，km²；h、ϕ 分别为油层有效厚度和孔隙度，%；S_{wi} 为束缚水饱和度，%。

结合 Welge 方程和艾富罗斯的实验理论研究，地层内的平均含水饱和度可表示为

$$\bar{S}_w = \frac{2}{3} S_{we} + \frac{1}{3}(1 - S_{or}) \tag{1-7}$$

式中，S_{we} 为水驱油出口端含水饱和度，%；S_{or} 为残余油饱和度，%。

再将式(1-7)代入式(1-6)得

$$N_p = 100 F h \phi \frac{\gamma_o}{B_{oi}} \left[\frac{2}{3} S_{we} + \frac{1}{3}(1 - S_{or}) - S_{wi} \right] \tag{1-8}$$

由式(1-8)对时间 t 求导数后得产油量：

$$Q_o = \frac{\mathrm{d}N_p}{\mathrm{d}t} = 100 F h \phi \frac{\gamma_o}{B_{oi}} \frac{2}{3} \frac{\mathrm{d}S_{we}}{\mathrm{d}t} \tag{1-9}$$

将式(1-9)的分子与分母同乘以$(1-S_{wi})$得

$$Q_o = \frac{100 F h \phi (1 - S_{wi}) \gamma_o / B_{oi}}{(1 - S_{wi})} \frac{2}{3} \frac{\mathrm{d}S_{we}}{\mathrm{d}t} \tag{1-10}$$

水驱油田地质储量可以由下式表示：

$$N_o = 100 F h \phi (1 - S_{wi}) \gamma_o / B_{oi} \tag{1-11}$$

将式(1-11)代入式(1-10)得

$$Q_o = \frac{N_o}{(1 - S_{wi})} \frac{2}{3} \frac{\mathrm{d}S_{we}}{\mathrm{d}t} \tag{1-12}$$

将式(1-12)代入式(1-5)得

$$W_p = \frac{N_o}{(1 - S_{wi})} - \frac{2 \mu_o B_o \gamma_w}{3 n \mu_w B_w \gamma_o} \int_{S_{wi}}^{S_{we}} e^{mS_{we}} \mathrm{d}S_{we} \tag{1-13}$$

对式(1-13)积分得

$$W_p = \frac{2 N_o \mu_o B_o \gamma_w}{3 m n \mu_w B_w \gamma_o (1 - S_{wi})} (e^{mS_{we}} - e^{mS_{wi}}) \tag{1-14}$$

若令

$$D = \frac{2N_o\mu_o B_o\gamma_w}{3mn\mu_w B_w\gamma_o(1-S_{wi})} \qquad (1\text{-}15)$$

则得

$$W_p = D(e^{mS_{we}} - e^{mS_{wi}}) \qquad (1\text{-}16)$$

再令

$$C = De^{mS_{wi}} \qquad (1\text{-}17)$$

又得

$$W_p = De^{mS_{we}} - C \qquad (1\text{-}18)$$

将式(1-18)改写为下式：

$$W_p + C = De^{mS_{we}} \qquad (1\text{-}19)$$

油水两相流的出口端含水饱和度：

$$S_{we} = \frac{3}{2}\left(\frac{N_p S_{or}}{N_o} + S_{wi}\right) - \frac{1}{2}(1 - S_{or}) \qquad (1\text{-}20)$$

再将式(1-20)代入式(1-19)得

$$W_p + C = De^{m\left[\frac{3}{2}\left(\frac{N_p}{N_o}S_{or}+S_{wi}\right)-\frac{1}{2}(1-S_{or})\right]}$$
$$= De^{\left[\frac{3mS_{or}N_p}{2N_o}+\frac{m}{2}(3S_{wi}+S_{or}-1)\right]} \qquad (1\text{-}21)$$

再令

$$E = \frac{m}{2}(3S_{wi} + S_{or} - 1) \qquad (1\text{-}22)$$

则得

$$W_p + C = De^{\left[\frac{3mS_{or}N_p}{2N_o}+E\right]} \qquad (1\text{-}23)$$

对式(1-37)取常用对数后得

$$\lg(W_p + C) = \lg D + \frac{E}{2.303} + \frac{3mS_{oi}}{4.606N_o}N_p \qquad (1\text{-}24)$$

若令

$$A = \lg D + \frac{E}{2.303} \qquad (1\text{-}25)$$

$$B = \frac{3mS_{oi}}{4.606N_o} \qquad (1\text{-}26)$$

则得

$$\lg(W_p + C) = A + BN_p \qquad (1\text{-}27)$$

由式(1-27)可以看出，累计产水量必须加上一个常数，才能与累计产油量在半对数坐标轴上呈一完整的直线关系。但是，随着油田的持续生产，含水率和累计产水量的持续增加，常数 C 的影响逐渐减少。因而，在油田开发的中、后期，累计产水量和累计产油量在半对数坐标上便呈一条直线关系。此时即可得到水驱曲线的甲型关系式为

$$\lg W_p = A + BN_p \qquad (1\text{-}28)$$

若令

$$\beta = BN_o = 3mS_{oi}/4.606 \tag{1-29}$$

$$R_o = N_p/N_o \tag{1-30}$$

则得

$$\lg W_p = A + \beta R_o \tag{1-31}$$

式中，β 为水驱曲线直线斜率；R_w、R_o 分别为采水程度和采油程度，无因次；C、D、E、m、n 分别为不同的常数。

陈元千基于油水两相的驱替理论、Welge 的平均含水饱和度方程以及艾富罗斯的实验理论研究成果，对水驱曲线的基本关系式进行了较为完整的理论推导，从而赋予其物理意义。乙型和丙型水驱曲线基本关系式可参照甲型关系式进行推导。

1.2   主要水驱特征曲线的反演

水驱特征曲线表征累计产油与累计产水、累计产油与累计产液之间的关系，为了对油田最终采收率进行标定，在分析稳定水驱的开发数据时，则需要把水驱特征曲线经过微分变换，转换成含水率与采出程度的关系式，取极限含水率并求出对应的采出程度作为油田的最终水驱采收率。一般将这一过程称为水驱特征曲线的反演[1]。

以某区块的开发数据为例，如表 1-1 所示，分别介绍以下常用的水驱曲线。该区块的动用地质储量为 2043 万 t。

表 1-1   区块开发数据表

时间/年	N_p/万 t	W_p/万 t	f_w/f
投产前	14.6528	0.1613	0.0108
1	37.5710	0.2157	0.0024
2	115.6383	1.1238	0.0115
3	197.3828	4.6454	0.0413
4	272.1961	16.2356	0.1341
5	336.9429	42.0967	0.2854
6	381.747	78.5794	0.4488
7	415.9279	104.8244	0.4343
8	439.7088	143.2142	0.6175
9	453.7176	179.6759	0.7224
10	465.2331	206.9068	0.7028
11	472.2743	232.1899	0.7822
12	475.2173	244.8331	0.8112

1. 马克西莫－童宪章曲线 [（甲型）未校正]

水驱特征曲线：

$$N_p = a + b\ln W_p \qquad (1\text{-}32)$$

反演为 $R\text{-}f_w$ 曲线：

$$R = \frac{a + b\ln b}{N} + \frac{b}{N}\ln\left(\frac{f_w}{1 - f_w}\right) \qquad (1\text{-}33)$$

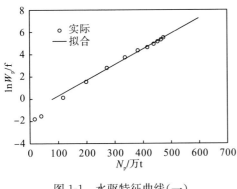

图 1-1　水驱特征曲线（一）

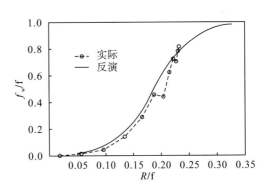

图 1-2　含水率与采出程度曲线（一）

2. 沙卓洛夫曲线 [（乙型）未校正]

水驱特征曲线：

$$N_p = a + b\ln L_p \qquad (1\text{-}34)$$

反演为 $R\text{-}f_w$ 曲线：

$$R = \frac{a + b\ln b}{N} + \frac{b}{N}\ln\left(\frac{1}{1 - f_w}\right) \qquad (1\text{-}35)$$

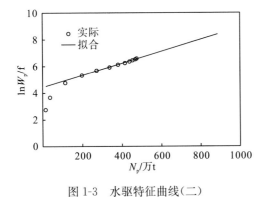

图 1-3　水驱特征曲线（二）

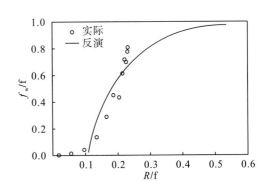

图 1-4　含水率与采出程度曲线（二）

3. 西帕切夫曲线 [（丙型）未校正]

水驱特征曲线：

$$\frac{L_p}{N_p} = a + bL_p \tag{1-36}$$

反演为 R-f_w 曲线：

$$R = \frac{1}{bN} - \frac{1}{bN}\sqrt{a(1 - f_w)} \tag{1-37}$$

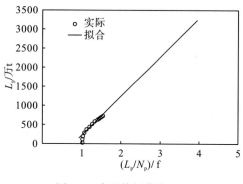

图 1-5　水驱特征曲线（三）

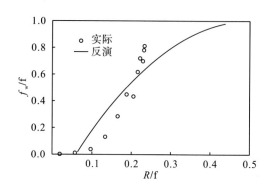

图 1-6　含水率与采出程度曲线（三）

4. 纳扎洛夫曲线［（丁型）未校正］

水驱特征曲线：

$$\frac{L_p}{N_p} = a + bW_p \tag{1-38}$$

反演为 R-f_w 曲线：

$$R = \frac{1}{bN} - \frac{1}{bN}\sqrt{\frac{(a-1)(1-f_w)}{f_w}} \tag{1-39}$$

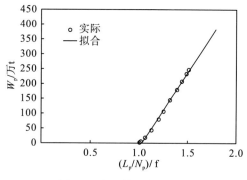

图 1-7　水驱特征曲线（四）

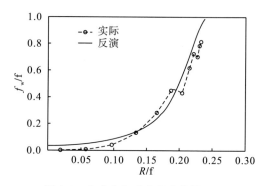

图 1-8　含水率与采出程度曲线（四）

5. 马克西莫－童宪章曲线［（甲型）校正］

水驱特征曲线：

$$N_p = a + b\ln(W_p + C) \tag{1-40}$$

反演为 R-f_w 曲线：

$$R = \frac{a + b\ln b}{N} + \frac{b}{N}\ln\left(\frac{f_w}{1 - f_w}\right) \tag{1-41}$$

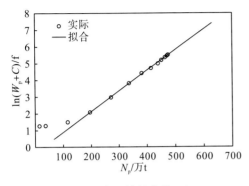

图 1-9　水驱特征曲线（五）

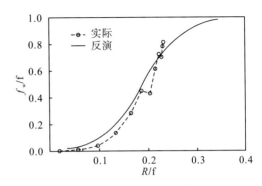

图 1-10　含水率与采出程度曲线（五）

6. 沙卓洛夫曲线〔（乙型）校正〕

水驱特征曲线：

$$N_p = a + b\ln(L_p + C) \tag{1-42}$$

反演为 R-f_w 曲线：

$$R = \frac{a + b\ln b}{N} + \frac{b}{N}\ln\left(\frac{1}{1 - f_w}\right) \tag{1-43}$$

7. 西帕切夫曲线〔（丙型）校正〕

水驱特征曲线：

$$\frac{L_p + C}{N_p} = a + bL_p \tag{1-44}$$

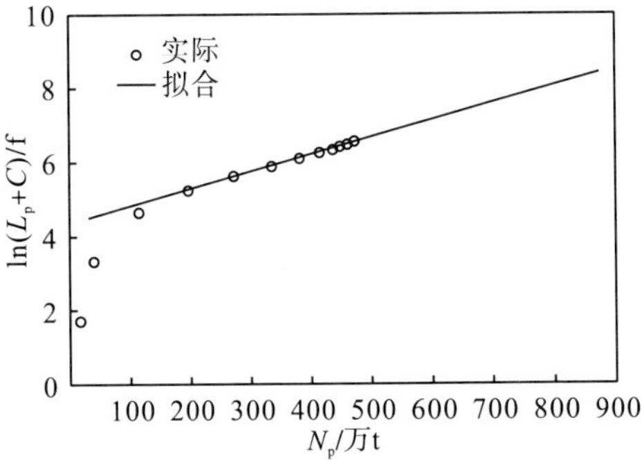

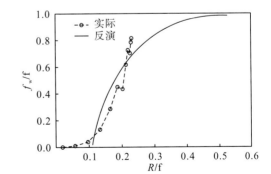

图 1-11　水驱特征曲线（六）

图 1-12　含水率与采出程度曲线（六）

反演为 R-f_w 曲线：

$$R = \frac{1}{bN} - \frac{1}{bN}\sqrt{(a - bC)(1 - f_w)} \tag{1-45}$$

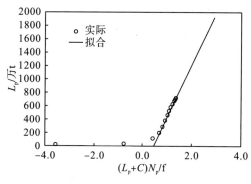

图 1-13　水驱特征曲线(七)

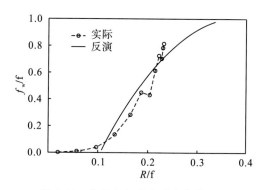

图 1-14　含水率与采出程度曲线(七)

8. 纳扎洛夫曲线〔(丁型)校正〕

水驱特征曲线：

$$\frac{L_\mathrm{p}+C}{N_\mathrm{p}} = a + bW_\mathrm{p} \tag{1-46}$$

反演为 $R\text{-}f_\mathrm{w}$ 曲线：

$$R = \frac{1}{bN} - \frac{1}{bN}\sqrt{\frac{(a-bC-1)(1-f_\mathrm{w})}{f_\mathrm{w}}} \tag{1-47}$$

9. 万吉业 S-凸形曲线

水驱特征曲线：

$$\ln\left(1-\frac{N_\mathrm{p}}{N}\right) = a - b\ln(L_\mathrm{p}+C) \tag{1-48}$$

反演为 $R\text{-}f_\mathrm{w}$ 曲线：

$$\ln(1-R) = \frac{a-b\ln(bN)}{1+b} - \frac{b}{1+b}\ln\left(\frac{1}{1-f_\mathrm{w}}\right) \tag{1-49}$$

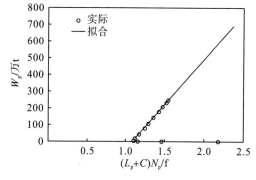

图 1-15　水驱特征曲线(八)

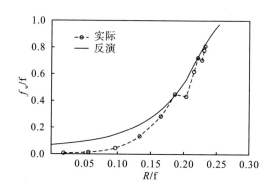

图 1-16　含水率与采出程度曲线(八)

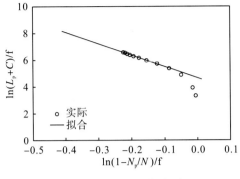
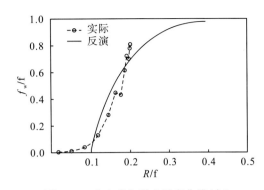

图 1-17 水驱特征曲线（九）　　　　　　图 1-18 含水率与采出程度曲线（九）

10. 布雷吉曲线（双对数曲线）

水驱特征曲线：

$$\ln N_p = a + b \ln(W_p + C) \tag{1-50}$$

反演为 R-f_w 曲线：

$$\ln R = \frac{a + b \ln b}{1 - b} - \ln N + \frac{b}{1 - b} \ln\left(\frac{f_w}{1 - f_w}\right) \tag{1-51}$$

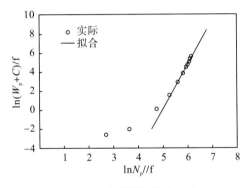
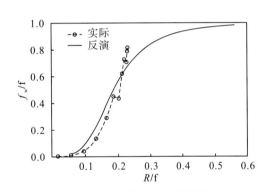

图 1-19 水驱特征曲线（十）　　　　　　图 1-20 含水率与采出程度曲线（十）

11. 万吉业超凸形曲线

水驱特征曲线：

$$\ln N_p = a + b \ln(L_p + C) \tag{1-52}$$

反演为 R-f_w 曲线：

$$\ln R = \frac{a + b \ln b}{1 - b} - \ln N + \frac{b}{1 - b} \ln\left(\frac{1}{1 - f_w}\right) \tag{1-53}$$

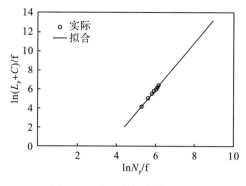

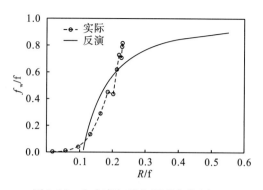

图 1-21　水驱特征曲线（十一）　　　　　　　图 1-22　含水率与采出程度曲线（十一）

12. 俞启泰曲线（广义丁型）

水驱特征曲线：

$$N_p = a + b\ln W_p^n \tag{1-54}$$

反演为 $R\text{-}f_w$ 曲线：

$$R = \frac{a}{N} + \frac{b}{(bn)^{n/(n-1)}N}\left(\frac{1-f_w}{f_w}\right)^{n/(n-1)} \tag{1-55}$$

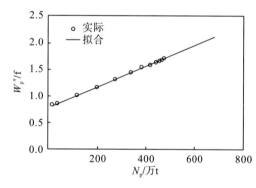

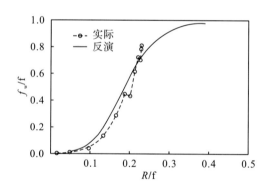

图 1-23　水驱特征曲线（十二）　　　　　　　图 1-24　含水率与采出程度曲线（十二）

13. 卡扎柯夫曲线（广义丙型）

水驱特征曲线：

$$N_p = a + b\ln L_p^n \tag{1-56}$$

反演为 $R\text{-}f_w$ 曲线：

$$R = \frac{a}{N} + \frac{b}{(bn)^{n/(n-1)}N}(1-f_w)^{n/(n-1)} \tag{1-57}$$

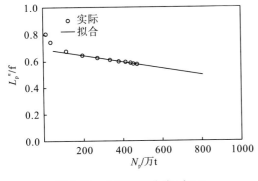

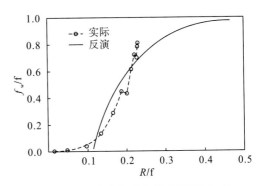

图 1-25　水驱特征曲线(十三)　　　　　　　　图 1-26　含水率与采出程度曲线(十三)

14. 陈元千曲线

水驱特征曲线:

$$N_p = a + b\ln\frac{W_p + C}{N_p} \tag{1-58}$$

反演为 R-f_w 曲线:

$$R + \frac{b}{N}\ln\left(\frac{b}{N} + R\right) = \frac{a + b\ln(b/N)}{N} + \frac{b}{N}\ln\left(\frac{f_w}{1 - f_w}\right) \tag{1-59}$$

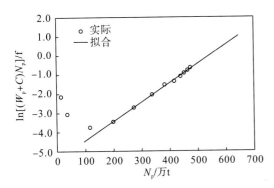

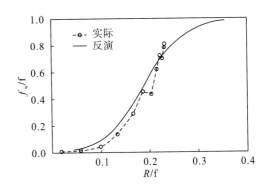

图 1-27　水驱特征曲线(十四)　　　　　　　　图 1-28　含水率与采出程度曲线(十四)

15. 过渡Ⅰ型曲线

水驱特征曲线:

$$\ln\left(1 - \frac{N_p}{N}\right) = a - b\ln(W_p + nN_p + C) \tag{1-60}$$

反演为 R-f_w 曲线:

$$\ln(1 - R) = \frac{a - b\ln(bN)}{1 + b} - \frac{b}{1 + b}\ln\left[\frac{f_w + n(1 - f_w)}{1 - f_w}\right] \tag{1-61}$$

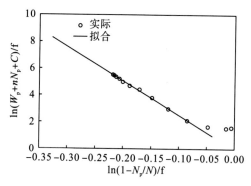

图 1-29　水驱特征曲线(十五)

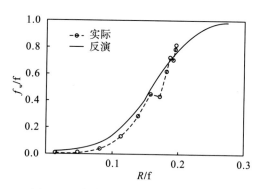

图 1-30　含水率与采出程度曲线(十五)

16. 过渡Ⅱ型曲线

水驱特征曲线:

$$N_p = a + b\ln(W_p + nN_p + C) \tag{1-62}$$

反演为 $R\text{-}f_w$ 曲线:

$$R = \frac{a + b\ln b}{1 - b} - \ln N + \frac{b}{1 - b}\ln\left[\frac{f_w + n(1 - f_w)}{1 - f_w}\right] \tag{1-63}$$

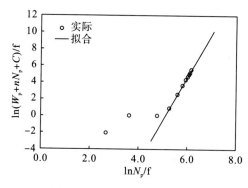

图 1-31　水驱特征曲线(十六)

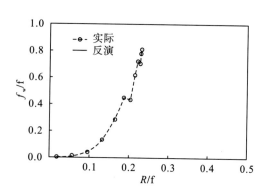

图 1-32　含水率与采出程度曲线(十六)

17. 过渡Ⅲ型曲线

水驱特征曲线:

$$N_p = a + b\ln(W_p + nN_p + C)^{m/(1+m)} \tag{1-64}$$

反演为 $R\text{-}f_w$ 曲线:

$$R = \frac{a}{N} + \frac{b\left[bm/(1+m)\right]^m}{N}\left[\frac{f_w + n(1 - f_w)}{1 - f_w}\right]^m \tag{1-65}$$

18. 过渡Ⅳ型曲线

水驱特征曲线:

$$N_p^m = a + b\ln(W_p + nN_p + C) \tag{1-66}$$

反演为 $R\text{-}f_w$ 曲线:

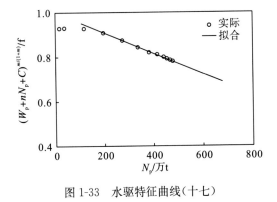

图 1-33　水驱特征曲线（十七）

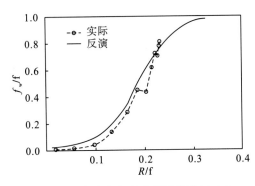

图 1-34　含水率与采出程度曲线（十七）

$$\frac{b(m-1)}{N^m}\ln R + R^m = \left[a + b\ln\left(\frac{b}{m}\right) + b(1-m)\ln N\right]/N^m + \frac{b}{N^m}\ln\left[\frac{f_w + n(1-f_w)}{1-f_w}\right]$$

$$(1\text{-}67)$$

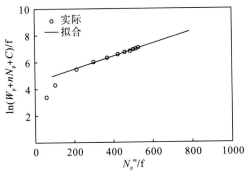

图 1-35　水驱特征曲线（十八）

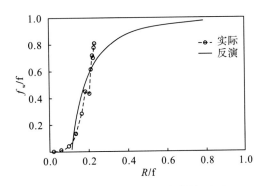

图 1-36　含水率与采出程度曲线（十八）

19. 过渡 V 型曲线

水驱特征曲线：

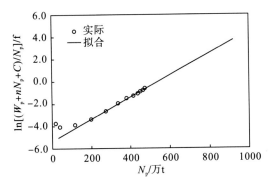

图 1-37　水驱特征曲线（十九）

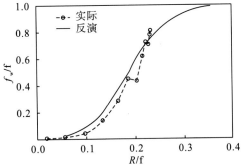

图 1-38　含水率与采出程度曲线（十九）

$$N_p = a + b\ln\frac{W_p + nN_p + C}{N_p} \tag{1-68}$$

反演为 $R\text{-}f_w$ 曲线:

$$R + \frac{b}{N}\ln\left(\frac{b}{N} + R\right) = \frac{a + b\ln(b/N)}{N} + \frac{b}{N}\ln\left[\frac{f_w + n(1-f_w)}{1-f_w}\right] \tag{1-69}$$

1.3 水驱特征曲线的分类

俞启泰在研究水驱特征曲线对应的不同含水上升规律的基础上,将水驱特征曲线分为以下 7 种类型[3]: $N_p = f(1-f_w)$、$N_p = f((1-f_w)/f_w)$、$N_p = f(f_w/(1-f_w))$、$N_p = f(f_w)$、$N_p = f(\lg(f_w/(1-f_w)))$、$N_p = f(\lg(1/(1-f_w)))$ 和广义水驱特征曲线。

1. $N_p = f(1-f_w)$ 类型的 8 种水驱特征曲线

对水驱特征曲线微分变换后,可得累计产油量与含水率的关系,这一关系代表了不同的含水上升规律,以此对水驱曲线分类更为合理。

表 1-2 $N_p = f(1-f_w)$ 类型的八种水驱特征曲线

$N_p = f(1-f_w)$ 类型	水驱特征曲线表达式	$N_p\text{-}f_w$ 关系式
1	$L_p/N_p = a + bL_p$	$N_p = 1/b\ \{1 - [a(1-f_w)]^{1/2}\}$
2	$W_p/N_p = a + bL_p$	$N_p = a + b - [b(a+b)(1-f_w)]^{1/2}$
3	$N_p = a + b\dfrac{W_p}{L_p}$	$N_p = a + b - [b(a+b)(1-f_w)]^{1/2}$
4	$N_p = a - b\dfrac{N_p}{L_p}$	$N_p = a - [ab(1-f_w)]^{1/2}$
5	$\dfrac{W_p}{N_p} = \dfrac{N_p - b}{a - N_p}$	$N_p = a - [a(a-b)(1-f_w)]^{1/2}$
6	$N_p = a - \dfrac{b}{L_p}$	$N_p = a - [b(1-f_w)]^{1/2}$
7	$N_p = a\dfrac{W_p}{L_p}$	$N_p = a[1 - (1-f_w)^{1/2}]$
8	$N_p = a - \dfrac{b}{L_p^{1/2}}$	$N_p = a - [2b^2(1-f_w)]^{1/3}$

从前七种水驱特征曲线表达式的 $N_p\text{-}f_w$ 关系可以看出,这些公式形式是等价的,都可以写成 $N_p = a - b(1-f_w)^{1/2}$ 形式。由它们推导出的含水率-可采储量采出程度关系也是完全一样的,说明它们具有相同的驱替特征。而第八种水驱特征曲线的 $N_p\text{-}f_w$ 关系则为 $N_p = a - b(1-f_w)^{1/3}$ 形式。可见,$N_p = f(1-f_w)$ 型水驱特征曲线可分为两种类型。

2. $N_p = f((1-f_w)/f_w)$ 类型的七种水驱特征曲线

表 1-3 $N_p = f((1-f_w)/f_w)$ 类型的七种水驱特征曲线

$N_p = f((1-f_w)/f_w)$ 类型	水驱特征曲线表达式	N_p-f_w 关系式
1	$L_p/N_p = a + bW_p$	$N_p = 1/b\left\{1 - \left[(a-1)\left(\dfrac{1-f_w}{f_w}\right)\right]^{1/2}\right\}$
2	$W_p/N_p = a + bW_p$	$N_p = (1/b)\left\{1 - \left[a\left(\dfrac{1-f_w}{f_w}\right)\right]^{1/2}\right\}$
3	$N_p = a - \dfrac{b}{W_p}$	$N_p = a - \left(b\left[\dfrac{1-f_w}{f_w}\right]\right)^{1/2}$
4	$N_p = a - b\dfrac{N_p}{W_p}$	$N_p = a - \left(ab\left[\dfrac{1-f_w}{f_w}\right]\right)^{1/2}$
5	$N_p = a - b\dfrac{L_p}{W_p}$	$N_p = a - b - \left[b(a-b)\left(\dfrac{1-f_w}{f_w}\right)\right]^{1/2}$
6	$N_p = a\dfrac{L_p}{W_p}$	$N_p = a\left[1 - \left(\dfrac{1-f_w}{f_w}\right)^{1/2}\right]$
7	$N_p = a - \dfrac{b}{W_p^{1/2}}$	$N_p = a - b^{2/3}\left[2\left(\dfrac{1-f_w}{f_w}\right)\right]^{1/3}$

3. $N_p = f(f_w/(1-f_w))$ 类型的两种水驱特征曲线

表 1-4 $N_p = f(f_w/(1-f_w))$ 类型的两种水驱特征曲线

$N_p = f(f_w/(1-f_w))$ 类型	水驱特征曲线表达式	N_p-f_w 关系式
1	$N_p = a + b\dfrac{W_p}{N_p}$	$N_p = \dfrac{a}{2} + \dfrac{b}{2}\dfrac{f_w}{1-f_w}$
2	$N_p = a + b\dfrac{L_p}{N_p}$	$N_p = \dfrac{a-b}{2} + \dfrac{b}{2}\dfrac{f_w}{1-f_w}$

4. $N_p = f(f_w)$ 类型的两种水驱特征曲线

表 1-5 $N_p = f(f_w)$ 类型的两种水驱特征曲线

$N_p = f(f_w)$ 类型	水驱特征曲线表达式	N_p-f_w 关系式
1	$N_p = a - be^{-kL_p}$	$N_p = \dfrac{a-b}{2} + \dfrac{b}{2}\dfrac{f_w}{1-f_w}$
2	$L_p = a - b\ln\left(1 - \dfrac{1}{b}N_p\right)$	$N_p = bf_w$

5. $N_p = f(\lg(f_w/(1-f_w)))$ 类型的两种水驱特征曲线

表 1-6 $N_p = f(\lg(f_w/(1-f_w)))$ 类型的两种水驱特征曲线

$N_p = f(\lg(f_w/(1-f_w)))$ 类型	水驱特征曲线表达式	N_p-f_w 关系式
1	$\lg W_p = a + bN_p$	$N_p = \dfrac{1}{b}\left\{\lg\left[\dfrac{0.4343}{b}\left(\dfrac{f_w}{1-f_w}\right)\right] - a\right\}$

$N_p = f(\lg(f_w/(1-f_w)))$ 类型	水驱特征曲线表达式	N_p-f_w 关系式
2	$\lg\dfrac{W_p}{N_p} = a + bN_p$	$a + bN_p + \lg(2.3026bN_p + 1) = \lg\left(\dfrac{f_w}{1-f_w}\right)$

6. $N_p = f(\lg(1/(1-f_w)))$ 类型的两种水驱特征曲线

表 1-7　$N_p = f(\lg(1/(1-f_w)))$ 类型的两种水驱特征曲线

$N_p = f(\lg(1/(1-f_w)))$ 类型	水驱特征曲线表达式	N_p-f_w 关系式
1	$\lg L_p = a + bN_p$	$N_p = \dfrac{1}{b}\left\{\lg\left[\dfrac{0.4343}{b}\left(\dfrac{1}{1-f_w}\right)\right] - a\right\}$
2	$\lg\dfrac{L_p}{N_p} = a + bN_p$	$a + bN_p + \lg(2.3026bN_p + 1) = \lg\left(\dfrac{1}{1-f_w}\right)$

水驱特征曲线中:

f_w-R^*: 含水率与可采储量采出程度关系代表驱替特征。

$\dfrac{df_w}{dR^*}$-R^*: 可采储量含水上升率特征。

7. 广义水驱特征曲线

水驱特征曲线经过微分变换后可得到 f_w-R^* 关系, 一般一种水驱特征曲线只对应一条 f_w-R^* 关系, 代表一种含水上升规律; 如果一种水驱特征曲线能对应多条 f_w-R^* 曲线, 代表不同的含水上升规律, 我们称其为广义水驱特征曲线, 如表 1-8 所示。

表 1-8　广义水驱特征曲线

广义水驱特征曲线	水驱特征曲线表达式	N_p-f_w 关系式
1	$N_p = a - \dfrac{b}{L_p^m}$	$N_p = a - \left[\dfrac{1}{m}b^{\frac{1}{m}}(1-f_w)\right]^{\frac{m}{m+1}}$
2	$N_p = a - \dfrac{b}{W_p^m}$	$N_p = a - b^{\frac{1}{m+1}}\left(\dfrac{1}{m}\left(\dfrac{1-f_w}{f_w}\right)\right)^{\frac{m}{m+1}}$
3	$\lg\dfrac{W_p}{N_p} = a + b\lg W_p$	$N_p = \left[10^{\frac{-a}{1-b}}(1-b)\left(\dfrac{f_w}{1-f_w}\right)\right]^{\frac{1-b}{b}}$
4	$\lg\dfrac{L_p}{N_p} = a + b\lg L_p$	$N_p = \left[(1-b)10^{\frac{-a}{1-b}}\left(\dfrac{1}{1-f_w}\right)\right]^{\frac{1-b}{b}}$
5	$\lg N_p = a + b\lg W_p$	$N_p = 10^{\frac{-a}{b-1}}b^{\frac{-b}{b-1}}\left(\dfrac{1-f_w}{f_w}\right)^{\frac{b}{b-1}}$
6	$\lg N_p = a + b\lg L_p$	$N_o = 10^{\frac{-a}{b-1}}b^{\frac{-b}{b-1}}(1-f_w)^{\frac{b}{b-1}}$
7	$\dfrac{1}{N_p} = a + b\dfrac{1}{L_p^m}$	$f_w = 1 - mb^{\frac{-1}{m}}N_p^{\frac{m-1}{m}}(1-aN_p)^{\frac{m+1}{m}}$
8	$\dfrac{1}{N_p} = a + b\dfrac{1}{W_p^m}$	$f_w = \dfrac{1}{1 + mb^{-\frac{1}{m}}N_p^{\frac{m-1}{m}}(1-aN_p)^{\frac{m+1}{m}}}$

　　水驱特征曲线法作为一种重要的油藏工程方法，从 1959 年马克西莫夫提出第一条水驱曲线以来，已有五十多年历史，我国学者童宪章 1978 年将这种方法引入我国至今也有近 40 年。我国水驱特征曲线的研究和应用也经历了一个从单一的水驱曲线到多种水驱曲线、从一般的水驱曲线到广义水驱特征曲线、从单纯国外的曲线到我们国家自己的曲线的过程。目前也已发展有七十多种水驱特征曲线[4]，这些水驱特征曲线不仅可以预测水驱油田的可采储量和采收率，而且可以用来评价油田的开发效果，因此对众多水驱特征曲线进行筛选，并根据不同的需求进行划分是十分必要的，也是水驱曲线能否有效利用必须解决的问题。

1.4　砂岩油藏水驱曲线直线段及上翘部分研究

1.4.1　水驱曲线直线段研究

　　水驱曲线法是适用于天然水驱和人工注水开发油田的实用方法。利用有关水驱曲线法，不仅可以预测水驱油田的有关开发指标，而且可以预测水驱油田在含水率或水油比达到经济极限条件时的可采储量和采收率，并能对水驱油田的可采储量和动态地质储量做出有效的预测与判断。如何合理选择水驱曲线的直线段是应用水驱曲线法进行水驱油田有关开发指标预测的关键点。

1.　水驱曲线直线段的选取[5]

　　对于同一开发层系、同一注采系统的油田来说，当油田进入全面开发之后，随着水的推进和油井的见水与水淹，当油田的含水率达到某一数值之后，利用甲型、乙型或丙型水驱曲线法所建立的关系图，才会出现明显的直线段，利用这一直线段的关系进行有效的预测工作。因为丙型水驱曲线的直线段，所对应的乙型水驱曲线也是直线段，而丙型水驱曲线的直线段出现在极值拐点之后，极值拐点的位置可由丙型水驱曲线求导得到。当导数 $R'=0$ 时，所对应的极值拐点的含水率为 50%，即油田的含水率达到 50% 后，才会出现水驱曲线的直线段。

　　陈元千将两个不同区块的甲型、乙型水驱特征曲线绘制在一起进行对比，并结合水驱曲线的关系式得出，对于同一油田来说，甲型水驱曲线和乙型水驱曲线具有相同的直线段斜率，即平行的直线关系。因此可利用平行法确定甲型水驱曲线直线段的位置。

　　陈元千认为水驱曲线的直线段要在含水率大于 50% 的地方去找，而对于那些含水率低于 50% 的油田，是不可能得到准确可靠有代表性的水驱曲线直线段的。

　　一般认为，在油田含水率达到 50% 后才会出现有代表性的真正直线段，并可用于有关预测。但是，只给出了水驱曲线的使用范围，即含水率达到 50% 后，但对于直线段起点的选择仍然没有给出一个客观、实用的方法。在实际应用中，由于油藏工程师对地质油藏的认识水平及油田生产历史了解程度的差异，水驱曲线直线段的选取往往带有很大

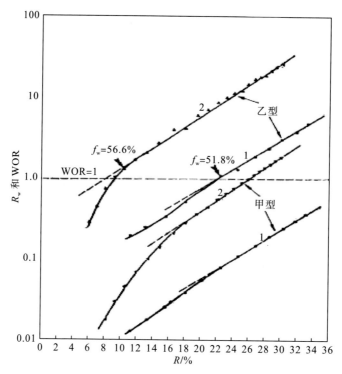

图 1-39　甲型与乙型水驱曲线对比图

1. 大庆油田南二、三区葡一组；2. Hamilton Dome 油田 Tensleep 层

的主观性，从而导致预测结果相差较大。针对前述问题，翟广福等提出了一种水驱曲线直线段选择的新方法。

该方法首先利用甲型水驱曲线表达式推导出采出程度与含水率的理论关系式，然后利用实际油田的采出程度和含水率确定出该关系式的系数；油田不同开发阶段的开发水平不同，仅靠一条理论曲线不可能完全将所有实际数据都拟合得很好，因此进行分段拟合，不同直线段反映了不同阶段的开发生产形势，而最近的一段则反映了油田目前的开发生产形势，该段所对应的开发阶段也就是反映目前开发形势的甲型水驱曲线的直线段部分。

2. 水驱曲线直线段出现时间的判断方法

初迎利[6]通过理论分析和油田实例研究，认为在含水率 50％ 以前和以后水驱曲线都能出现直线段，出现时间主要取决于油层及其内部流体性质，提出判断水驱关系曲线真正直线段出现时间的方法如下。

(1)根据相对渗透率曲线作 $\lg(K_{ro}/K_{rw})$-S_w 关系曲线，确定出直线段出现时的含水率 f_{wo}。

(2)作乙型水驱关系曲线，分析 $f_w > f_{wo}$ 后的数据，若出现直线段，可认为是水驱曲线的真正直线段，其始点为 f_{w1}，此直线段可用于分析。

(3)作甲型水驱关系曲线，分析 $f_w > f_{w1}$ 后的数据。若出现明显的直线段，可直接用该直线段进行分析；若直线关系不明显，则可用通过校正水驱关系曲线的方法得到的直线段进行分析。

(4)对比(2)、(3)所得的结果，若二者比较接近，说明所分析的数据基本上反映了水驱油田的开发规律，进一步证实乙型曲线出现了真正直线段，其起点含水率即为 f_{w1}。若二者结果相差非常大，说明所选择数据并非在真正直线段上，需返回(2)重新选择数据进行分析。

3. 水驱曲线直线段合理性的判断方法

刘英宪[7]依据稳定渗流理论，将采出程度与岩心驱油效率的比值定义为稳定水驱评判因子(Z)，利用油田生产动态数据建立 Z 与甲型、乙型、丙型、丁型水驱曲线方程中自变量的关系，当评判因子曲线呈现水平线时，油田即进入了稳定水驱。依据评判因子曲线可以直观地获得油田的稳定水驱段，并以此水驱直线段进行科学、合理的预测。

当油田进入稳定水驱后，其波及系数基本呈现为常数，因此稳定水驱的特征即为

$$\frac{R}{E_D} = 常数 \tag{1-70}$$

定义稳定水驱评判因子 Z，当油田处于稳定水驱状态时，评判因子为常数。当评判因子曲线呈现水平线时，油田进入了稳定水驱阶段，利用出现的水平段的跨度即可获得预测所需要的水驱直线段。

但利用评判因子确定稳定水驱直线段的方法时，弊端就是公式中涉及参数较多，实际应用较为不便。为此，若干年后刘英宪又提出了一种较为简单的稳定水驱直线段选择方法，以便于水驱曲线的准确应用。

新方法将丙型水驱曲线作变形得到 $f_w = 1 - a(N_p/L_p)^2$，当油田达到稳定水驱时，含水率与累计油液比的平方呈直线关系，绘制 f_w 与 $-(N_p/L_p)^2$ 的关系曲线，从中寻找具有良好线性关系的时间段，该阶段油田进入稳定水驱，计算结果最为可靠。

1.4.2　水驱曲线上翘部分研究

随着我国部分注水开发油田逐步进入高含水开发阶段，发现常用的甲型和乙型水驱特征曲线在含水达到某一值时，实际数据点会偏离直线段，发生上翘现象。在这种情况下，利用上翘前直线段外推预测法，确定的可采储量和采收率数值就会偏大，因此对高含水期水驱曲线上翘现象进行研究，更加准确地预测油田采收率是尤其重要的。

1. 高含水期水驱曲线上翘问题分析

油田开发的实际资料表明，当油田开发进入高含水期，含水率达到 $93\% \sim 95\%$ 时，甲型和乙型水驱曲线的直线段，就会发生上翘的现象。陈元千对高含水期甲型和乙型水驱特征曲线进行了推导，指出油、水相对渗透率比与含水饱和度之间的半对数直线关系在高含水阶段发生偏离是甲型和乙型水驱特征曲线上翘的理论原因。

陈元千[8]在对甲型水驱曲线理论进行推导时，基于以下假设：在中高含水阶段，油水相渗比值的对数与含水饱和度存在常指数的递减关系，如下：

$$\lg \frac{K_{ro}}{K_{rw}} = \alpha - \beta S_w \qquad\qquad (1\text{-}71)$$

式中，$\alpha = \lg n$，$\beta = m/2.303$，m、n 为与储层和流体物性有关的常数。

然而到了高含水期后，油水相渗比值的对数与含水饱和度不再呈原有的直线关系，而是出现下弯现象。由于式(1-71)的理论假设不再成立，那么甲型水驱曲线在高含水期后必然会偏离直线段而高于直线外推点，出现所谓的上翘现象。

通过油湿和水湿两种相对渗透率曲线现场应用的结果，当油田含水率达 94%～95%，或水油比 WOR 达到 15.7～19.0 时，甲乙型水驱曲线就有可能发生上翘。因此，陈元千认为在利用甲型和乙型水驱曲线确定可采储量和采收率时，若将经济极限含水率定为 95%，或水油比为 19，那么外推的结果将是可靠的。

2. 高含水期水驱曲线上翘时机影响因素研究

于波[9]在胜利油区中高渗整装砂岩油藏典型相对渗透率曲线的基础上，讨论了油水黏度比、渗透率、水油相渗端点比值等因素对上翘现象出现时机及预测采收率值偏离大小的影响。研究认为上翘含水时机的主要影响因素为油水黏度比和相对渗透率曲线的形状，分析主要的影响因素油水黏度比和渗透率对水驱曲线上翘的影响。

1）油水黏度比的影响

分别计算原油黏度为 2 mPa·s、5 mPa·s、15 mPa·s、30 mPa·s、60 mPa·s 在不同情况下的甲型和乙型水驱特征曲线，可以发现，在半对数坐标中直线段在后期均出现"上翘"现象，乙型水驱特征曲线较甲型水驱特征曲线明显。为了较准确地判断上翘含水时机，分别绘制累计产水率差值与含水率关系曲线、水油比差值与含水率关系曲线，如图 1-40、图 1-41 所示，可以看出，油水黏度比对上翘含水时机影响较大。随着油水黏度比的增加，上翘含水时机推迟，采收率预测偏差值减小。

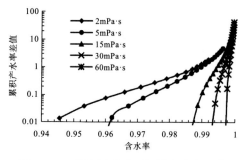

图 1-40　不同原油黏度下累计产水率差值
与含水率关系曲线

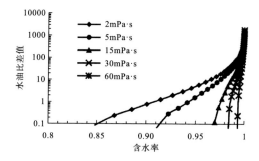

图 1-41　不同原油黏度下水油比差值
与含水率关系曲线

从表 1-9 可以看出，对于甲型水驱特征曲线，当原油黏度等于 15 mPa·s 时，上翘含水率为 98.8%。如果定义预测采收率的含水率界限为 98%，那么只需在油水黏度比小于或等于 10 左右时，考虑直线段外推预测采收率偏大的问题；而对于乙型水驱特征曲线，当原油黏度等于 30 mPa·s 时，上翘含水率才大于 98%，因此，在油水黏度比小于或等于 30 左右时，需考虑直线段外推预测采收率偏大的问题。

表 1-9　原油黏度对相对渗透率曲线上翘的影响

特征曲线类型	原油黏度/(mPa·s)	直线截距	直线斜率	上翘时含水率/%	预测采收率偏大值/%
甲型	2	0.0006	0.1479	94.4	1.4
	5	0.0025	0.1414	96.2	0.7
	15	0.0105	0.1381	98.8	0
	30	0.0245	0.136	99.4	0
	60	0.0531	0.1351	99.7	0
乙型	2	0.0123	0.1389	84.8	5.1
	5	0.0437	0.1335	91.3	3.0
	15	0.1729	0.1308	97.0	0.6
	30	0.3971	0.1289	98.5	0
	60	0.852	0.1282	99.3	0

　　与甲型水驱特征曲线相比，乙型水驱特征曲线反映的是瞬时关系，因此，上翘含水时机相对提前，且上翘现象对预测采收率值影响较大。上翘含水时机的主要影响因素为油水黏度比和相对渗透率曲线的形状。在几个影响因素中，相对渗透率对上翘含水时机的影响主要来自于相渗端点比值的差别。

　　2)渗透率的影响

　　分别计算渗透率为 0.1 μm²、1 μm²、10 μm² 不同情况下的甲型和乙型水驱特征曲线，由于考虑随渗透率变化相对渗透率曲线发生的变化，这里实际上也反映了相对渗透率的影响。随着渗透率的增加，相渗曲线向亲水方向变化，但水油相渗端点比值增大，采收率值降低。分别绘制累计产水率差值与含水率关系曲线、水油比差值与含水率关系曲线，从图 1-42 和图 1-43 可以看出，渗透率对上翘含水时机也有较大的影响，但比油水黏度比影响要小。这里主要是由于不同渗透率下选用了不同的相对渗透率曲线。而相对渗透率的不同主要体现在饱和度端点值和相渗端点值的不同，因此，下面分别讨论了束缚水饱和度、残余油饱和度以及相渗端点比值的影响。

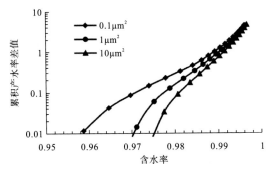

图 1-42　不同渗透率下累计产水率差值
与含水率关系曲线

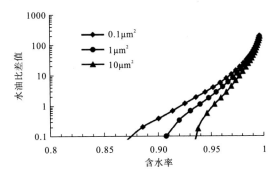

图 1-43　不同渗透率下水油比差值
与含水率关系曲线

3. 水驱曲线上翘时机的判定方法

常用的甲型和乙型水驱特征曲线在油田高含水开发阶段会发生上翘的现象，直接影响到预测可采储量和采收率的准确程度[10]。

通过油水相对渗透率实验数据点可作 $\lg(K_{ro}/K_{rw})$-S_w 的关系曲线，如图 1-44 所示，找出该曲线的下折点对应的含水饱和度，并通过分流量曲线对应出该饱和度下的含水率 f_{w1}。通过甲型水驱曲线找出上翘点对应的累计采油量 N_p，并通过 N_p 与 f_w 的关系曲线找出该 N_p 下对应的含水率 f_{w2}。如果 $f_{w1}=f_{w2}$，那么相渗曲线的下折点与水驱曲线的上翘点就存在对应关系。

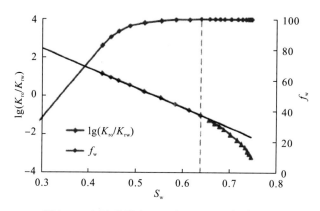

图 1-44　相渗曲线 $\lg(K_{ro}/K_{rw})$-S_w 与分流量

孙成龙[10]在研究水驱曲线上翘的基础上，提出相渗曲线 $\lg(K_{ro}/K_{rw})$-S_w 的下折点所对应的含水率就是水驱曲线上翘点所对应的含水率，因此相渗偏折点与水驱曲线上翘点存在对应关系。通过相渗曲线与分流量曲线所得出的相渗偏折点所对应的含水率就可得到该含水率下水驱曲线所对应的点，该点即为水驱曲线的上翘点。

4. 特高含水期水驱特征曲线拐点时机判别新方法

梁保红[11]提出一种多参数协同、瞬时不存在累计效应的"上翘"时机判断方法，即采用与含水率密切相关且变化幅度显著的水驱特征变化率曲线和含油率作为判断"上翘"时机的主要指标。

该方法具体步骤为：

(1)绘制水驱特征曲线 $\lg W_p$-N_p，初步判断曲线是否出现"上翘"。

(2)绘制水驱特征变化率曲线 $\lg(W_p$ 的导数$)$-N_p，确定该曲线发生突变时的累计产油量。

(3)绘制含油率曲线 $\lg f_o$-N_p，确定该曲线发生突变时的累计产油量。

(4)根据水驱特征变化率曲线、含油率曲线同时发生突变时的累计产油量，查询单井开发数据，确定此时对应的含水率，将该含水率确定为"上翘"出现时机。

上述步骤中，W_p 为累计产水量，万 t；N_p 为累计产油量，万 t；f_o 为含油率，%。

1.4.3 实例分析

1. 水驱曲线直线段出现时间判断实例应用

大庆油田由于油水黏度比较高，油层非均质性也比较严重，选用大庆喇嘛庙油田、萨中北一区断西、龙虎泡油田试验区的数据分析。其 $\lg(K_{ro}/K_{rw})$-S_w 曲线直线段含水率，以及分析和预测结果如表 1-10 所示。

表 1-10 试验区油田 $\lg(K_{ro}/K_{rw})$-S_w 直线段含水率及有关参数

油田名称	层位	$\lg(K_{ro}/K_{rw})$-S_w 直线段 f_w/%	渗透率/$10^{-1}\ \mu m^2$		原油黏度 /(mPa·s)
			空气	有效	
喇嘛庙	萨尔图	38.7~99.5	666	196	10.3
	葡萄花	30.2~99.9	1300	400	10.2
	高台子	48.0~99.1	400	150	12.2
萨中断西	萨尔图	44.9~99.8	1120	373	8.2
萨葡油层	葡萄花	31.9~96.6	956	319	9.3
龙虎泡		12.1~88.8	87	19	2.5

表 1-11 甲型、乙型水驱规律曲线直线段起点和预测结果

油田名称	甲型水驱曲线		乙型水驱曲线	
	直线起点 含水率/%	预测最大水驱 采油量/万 t	直线起点 含水率/%	预测最大水驱 采油量/万 t
喇嘛庙	73.74	28943.43	60.7	32737.7
龙虎泡	37.02	99.132	35.93	113.01
萨中北一区断西	54.2	4071.23	54.1	4125.5

根据大庆油田的几个油区水驱规律曲线分析可知，只有 $\lg(K_{ro}/K_{rw})$-S_w 关系曲线主体部分满足直线关系的油田才能应用水驱规律曲线，在含水率达到 50% 以前及以后水驱规律曲线都能出现真正的直线段，其出现时间取决于油层及其内部流体性质，甲型曲线直线段出现时间比乙型曲线直线段出现时间晚。

2. 水驱曲线直线段合理性的判断方法的实例应用

以渤海辽东湾海域 S 油田为例，储集层为东营组下段，油藏类型为受构造和岩性控制的层状构造油藏，原油属于重质稠油。利用油田开发数据分别对油田进入高含水期的水驱曲线进行两段拟合，得到前后直线段 1、直线段 2，其回归直线的相关性都非常高，如图 1-45 所示。

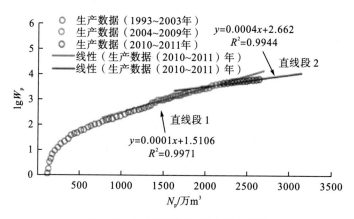

图 1-45　S 油田不同阶段水驱直线段

利用上述拟合关系，对水驱采收率和动用程度进行计算，计算结果如表 1-12 所示。

表 1-12　水驱曲线计算结果

直线段	斜率	截距	采收率/%	动用程度/%
直线段 1	0.0010	1.5106	23.8	51.5
直线段 2	0.0004	2.6620	43.6	125.1

利用直线段计算获得的油田动用程度，与统计油田产液剖面计算油田平均动用程度相比较为合理。而利用直线段 2 计算的采收率高达 43.6%，动用程度已经超过 100%，显然不合理。结合对评判因子的研究，将 Z-N_p 关系曲线与甲型水驱曲线绘于同一张图内，如图 1-46 所示。

从图 1-46 可以看出，从油田含水进入 50% 以后，评判因子曲线呈现了第 1 个较长时间的水平段，表明在该段时间内，油田整体处于稳定水驱状态，而图 1-45 中直线段 1 基本处于该段时间内，只是其直线段起点与终点略有偏差，可利用图 1-46 重新划定的稳定水驱范围重新计算油田采收率，计算结果如表 1-13 所示。

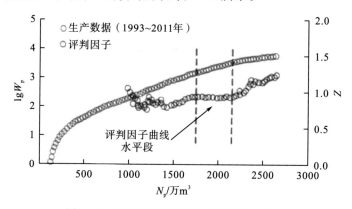

图 1-46　评价曲线与甲型水驱曲线对应关系

表 1-13　运用评判因子曲线修正后计算结果

直线段	斜率	截距	采收率/%	动用程度/%
直线段 1	0.0009	1.6589	25.5	57.0
直线段 2		未进入稳定水驱		

当运用评判因子评判其他水驱曲线稳定状态时，只需要将评判因子数值与其他水驱曲线的自变量绘制于 1 张图内即可获得水驱曲线稳定段，进而对开发效果进行合理预测。

3. 特高含水期水驱特征曲线拐点时机判别实例应用

选取埕东油田特高含水井 CDC10-92，含水 99.7%，日油 1.39t/d，累油 9.76 万 t。绘制该井的水驱特征曲线，发现累油为 8.96 万吨时，$\lg W_p$ 曲线出现轻微的"上翘"趋势。则判断该井水驱特征曲线出现了"上翘"（见图 1-47）。绘制该井水驱特征变化率曲线，确定发生突变时的累油，发现累油为 8.79 万吨时，$\lg(W_p$ 的导数)曲线出现明显的"上翘"趋势（见图 1-47）。

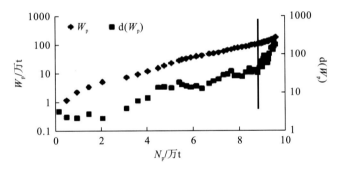

图 1-47　CDC10-92 水驱特征曲线及其变化率曲线

由上面分析可知，当累油为 8.79 万 t，CDC10-92 油井水驱特征曲线出现"上翘"，此时对应含水为 97.5%。可见，如果单纯地以水驱特征曲线判断"上翘"时机，由于累计效应的影响产生滞后，则判断当累油为 8.96 万 t 时才出现"上翘"，而采用多参数协调的新方法，则克服了这一效应，使得判断"上翘"时机更加准确。

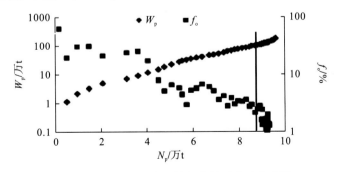

图 1-48　CDC10-92 水驱特征曲线及含油率曲线

通过室内实验揭示了水驱特征曲线出现拐点是由于水相相对渗透率的急剧增加引起的，并明确拐点是客观存在的；同时，提出一种克服水驱特征曲线累计效应导致拐点时机误判的新方法，即采用含油率协同判断，能够准确地判断水驱特征曲线拐点的出现时机。该方法简单易操作，具有普遍适用性，并能及时掌握油田开发动态，调整油田开发措施来延缓拐点的出现，同时指导矿场采取措施遏制已进入拐点后耗水急剧增加的低效循环井层，促使流场转向，改善注水效果，提高油藏整体采收率，更好地指导油田开发生产实践。图 1-48 为 CDC10-92 水驱特征曲线及含油率曲线。

1.5　砂岩油藏水驱特征曲线的适用条件及应用

目前水驱特征曲线的种类众多，但没有一种水驱特征曲线能够完整地描述油田开发的全过程，都有其适用的条件限制。一般认为，水驱特征曲线预测结果的可靠性主要取决于水驱特征曲线中直线段的稳定性，张健[12]研究认为，油藏的水驱类型是选用水驱特征曲线时应考虑的第一要素，原油黏度为第二要素，应在同一水驱类型内考虑按原油黏度来划分水驱特征曲线的适用范围。

1.5.1　砂岩油藏水驱特征曲线的适用条件

许永梅[13]通过水驱特征曲线实际应用研究，认为不同的含水阶段、不同原油黏度和不同油水黏度比油田适用不同的水驱曲线。

1. 水驱特征曲线只适用注水开发油田的某个特定阶段

由于影响油田开发效果的自然因素(包括地质条件、岩石和流体物性等)和人为因素(包括开发方案以及不断的后期调整措施等)的复杂性，导致油田动态反应也千差万别。总的来说，规律的变化趋势可循，但统一的定量描述难度却很大。研究表明，各类水驱特征曲线都难以描述油田开发的全过程，无一例外都只适用于油田含水的某一特定阶段。这既与油田含水上升的基本规律有关，也与不断的油田调整改造措施相关联。对水驱特征曲线来说，就是要明确适用的含水范围。

在利用甲型和乙型水驱曲线确定可采储量和采收率时，若将经济极限含水率定为95%或油水比为19，那么外推的结果是可靠的。如果将其外推的经济极限含水率定为98%，则其预测的结果会明显偏高。

2. 不同原油黏度对应的不同的水驱曲线

俞启泰[14]指出，原油黏度是影响油田含水上升规律最重要的天然因素。高黏油田开发初期含水上升较快，后期含水上升变慢，而低黏油田则是初期含水上升较慢，后期含水上升较快。主要原因是原油黏度越高，水驱油的非活塞性越强；而原油黏度越低，则水驱油的活塞性越强。从分流量计算公式也可以看出原油黏度对含水上升的影响[15]。实际上，影响油田含水上升规律的因素很多，有自然因素如原油黏度、油层非均质性、油水相对渗透率；也有人为因素的影响。

　　由于不同的水驱特征曲线对应着不同的 f_w-R，而实际油田中原油黏度不同时也对应着不同的 f_w-R 关系，因此对同一个油田用不同的水驱曲线计算，出现直线段的含水率高低是不同的，计算结果也是有差异的。因此，水驱曲线与原油黏度有关。

　　根据原油黏度选择水驱特征曲线的标准是：①原油黏度 μ_o 小于 3 mPa·s 的层状油田和底水灰岩油田推荐使用丁型水驱特征曲线；② 3 mPa·s ≤ μ_o ≤ 30 mPa·s 的层状油田推荐使用甲型和丙型水驱特征曲线；③ μ_o 大于 30 mPa·s 的层状油田推荐使用乙型水驱特征曲线。

3. 水驱特征曲线的形态主要受油水黏度比的控制

　　理论研究和实践统计表明累计产油量与含水率关系主要受油水黏度比的控制。当油水黏度比大于 4 时，曲线呈凸形；当油水黏度比小于 3 时曲线呈凹形；当油水黏度比为 3～4 时，其主体部分近似直线。也就是说，当油水黏度比由大变小时，累产油与含水率的关系曲线由凸变凹，所以中间会有一条近似直线，它对应于某个特定的油水黏度比值。因此严格来说直线型关系作为水驱特征只反映了油水黏度比为某个特定值的油田动态，只能视为特例，而且只是在主体部位才成立。

　　张健[10]通过大量的油田实例分析研究认为油藏的水驱类型是选用水驱特征曲线时应考虑的第一要素，原油黏度为第二要素，应在同一水驱类型内考虑按原油黏度来划分水驱特征曲线的适用范围。

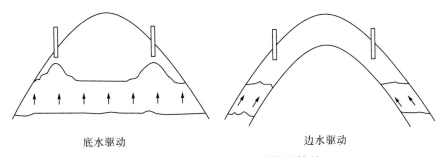

底水驱动　　　　　　　　　　　　边水驱动

图 1-49　不同水驱类型水线推进情况

　　分析不同水驱类型的水线推进规律，如图 1-49 所示，底水油藏水驱油表现为宏观上的强非活塞性，油井见水时间短且含水上升快；而边水油藏和注水开发过程中，水驱油非活塞性较弱，含水上升相对较慢。因此水驱类型表征了宏观水驱油的非活塞性强弱，它决定了不同水驱类型油田数据点的线性分异，是选择合理水驱曲线的第一要素。

　　水驱特征曲线末端近似直线段的稳定性决定预测结果的稳定性，直接关系到预测结果的可靠程度，不同水驱特征曲线稳定性的差异是油田对水驱特征曲线具有选择性的根本原因。水驱类型表征了宏观水驱油的非活塞性强弱，原油黏度影响着微观渗流尺度的水驱非活塞性强弱，两者综合影响下的油水运动规律决定了油藏的水驱特征。油田水驱类型是选择水驱特征曲线时考虑的第一要素，原油黏度可作为第二要素来约束水驱特征曲线类型的选择。

1.5.2　砂岩油藏水驱特征曲线的应用

水驱特征曲线在油田中的应用主要有：评价油田调整措施、确定剩余油分布、计算油田可采储量、确定单井最佳提液时机、预测水驱油田体积波及系数及最终采收率、确定油田经济极限含水率等。本节从确定剩余油分布、可采储量、体积波及系数和经济极限含水率等方面对水驱曲线在油田中的应用做简单介绍。

1.　利用水驱特征曲线确定剩余油分布

赵斌[16]等提出了利用水驱曲线确定各小层剩余油的方法。即通过对研究区块进行产量劈分，把所有油井以及部分水井转注前的产量数据劈分到各个小层上，计算出每个层位的月产油量、累计产油量和月产液量、累计产液量，再利用陈元千提出的 L_p-N_p 型水驱曲线，得到每个小层上的水驱特征曲线，进而得到了各小层剩余油储量以及剩余油平均饱和度。

2.　利用水驱特征曲线计算油田可采储量

1）甲型水驱特征曲线

$$\lg W_p = a_1 + b_1 N_p \tag{1-72}$$

通过推导，可以得出累计产油量和含水率的关系式为

$$N_p = \frac{\lg\left(\frac{f_w}{1 - f_w}\right) - c_1}{b_1} \tag{1-73}$$

当含水率取 0.98，即 $f_w = 98\%$ 时，得预测可采储量的关系式：

$$N_R = \frac{1.6902 - c_1}{b_1} \tag{1-74}$$

2）乙型水驱特征曲线

$$\lg L_p = a + b N_p \tag{1-75}$$

通过推导，可以得出累计产油量和含水率的关系式为

$$N_p = \frac{\lg\left(\frac{1}{1 - f_w}\right) - c}{b} \tag{1-76}$$

当含水率取 0.98，即 $f_w = 98\%$ 时，得预测可采储量的关系式：

$$N_R = \frac{1.6990 - c}{b} \tag{1-77}$$

3）丙型水驱特征曲线

$$\frac{L_p}{N_p} = a + b L_p \tag{1-78}$$

通过推导，可以得出累计产油量和含水率的关系式为

$$N_p \doteq \frac{1 - \sqrt{a(1 - f_w)}}{b} \tag{1-79}$$

当含水率取为 0.98，即 $f_w=98\%$ 时，得预测可采储量的关系式：

$$N_R = \frac{1 - \sqrt{0.02a}}{b} \tag{1-80}$$

4）丁型水驱特征曲线

$$\frac{L_p}{N_p} = a + bW_p \tag{1-81}$$

通过推导，可以得出累计产油量和含水率的关系式为

$$N_p = \frac{1 - \sqrt{(a-1)(1-f_w)/f_w}}{b} \tag{1-82}$$

当含水率取为 0.98，即 $f_w=98\%$ 时，得预测可采储量的关系式：

$$N_R = \frac{1 - \sqrt{0.02041(a-1)}}{b} \tag{1-83}$$

3. 利用水驱特征预测水驱油田体积波及系数和可采储量

陈元千、郭二鹏经过推导提出了预测水驱体积波及系数与累计产油量，以及水驱体积波及系数与含水率的变化关系式。在确定了极限含水率之后，可预测油田的最终水驱体积波及系数和可采储量。

水驱开发油田的丙型水驱曲线表示为

$$L_p/N_p = a + bL_p$$

水驱体积波及系数与含水率的关系为

$$E_v = 1 - \sqrt{a(1-f_w)} \tag{1-84}$$

当 $E_v=E_{va}$ 即达到最终水驱体积波及系数时，可采储量为：$N_R=E_{va}/b$，其中 E_{va} 为最终水驱体积波及系数。

4. 确定经济极限含水率

在我国，对于注水开发油田，水驱曲线法是预测油田可采储量的重要方法。该方法的有效应用，有赖于直线段选取的可靠性和极限含水率确定的合理性。然而，对于不同流度注水开发油田根据行业标准统一规定，一律选用98%的含水率作为预测可采储量的做法，不但是不恰当的，也是缺乏理论依据的。对于已进入中高含水期产量递减的油田，依据不同的技术经济条件，应用确定经济极限产量的概算法，提出了确定经济极限含水率的方法，并用于水驱曲线法，预测油田的经济可采储量。

当注水开发油田进入中高含水的产量递减阶段之后，年度水油比与年产油量之间存在如下的半对数直线关系：

$$\lg F_{wo} = a - bQ_o \tag{1-85}$$

当由经济评价方法求得该开发阶段的经济极限产油量 Q 之后，可由下式得到油田开发的经济极限水油比

$$F_{woel} = 10^{(a-bQ_{oel})} \tag{1-86}$$

预测油田经济极限含水率的公式为

$$f_{wl} = \frac{1}{1 + 10^{-(a-bQ_{oel})}} \tag{1-87}$$

1.5.3 实例分析

以某砂岩油藏 H401 井为例对水驱特征曲线的应用进行研究。

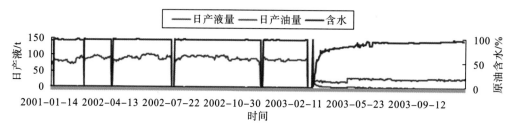

图 1-50 H401 井采油曲线

从图 1-50 采油曲线可以看出，H401 井日产油量非常低，曲线十分平稳，少有变化，日产液量、含水率曲线形态基本一致，同步起落，含水率也随生产过程中呈规律性变化，由产油量曲线结合其他曲线可以得出该油藏为高含水油藏。

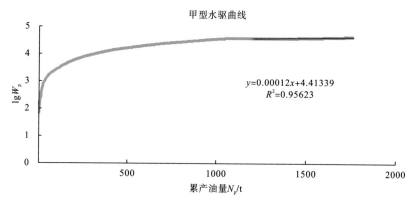

图 1-51 H401 井甲型水驱曲线

H401 井可能在建产初期就见水，也有可能该油田已处于高含水的开发后期，含水率急剧上升，油的产量十分低，整个生产过程有工作制度的调整，水的含量都保持在相当高的水平，控水效果不好。产量局部波动较小，生产稳定，在打塞补孔后产油量有小幅度升高，但迅速降低，最后产量衰竭，几乎全部产水。

通过 H401 井甲型水驱曲线进行动态预测，其结果如下：

甲型水驱曲线直线段线性关系为 $\lg W_p = a_1 + b_1 N_p$，其中 $a_1 = 4.41339$，$b_1 = 0.00012$，由此可得，

（1）地质储量为：

$$N = 7.5/b_1 = 7.5/0.00012 = 62500t$$

（2）可采储量为：

$$N_R = \cfrac{\lg\left(\cfrac{f_{wl}}{1 - f_{wl}}\right) - \left[A_1 + \lg(2.303 b_1)\right]}{b_1}$$

$$= \cfrac{\lg\left(\cfrac{0.98}{1 - 0.98}\right) - \left[4.41339 + \lg(2.303 \times 0.00012)\right]}{0.00012}$$

$$= 6959t$$

（3）采收率为：

$$E_R = \frac{N_R}{N} \times 100\% = \frac{6959}{62500} \times 100\% = 11.13\%$$

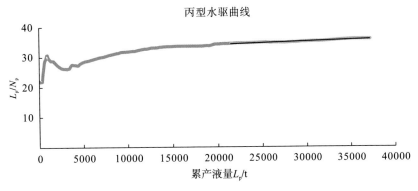

图 1-52　H401 井丙型水驱曲线

通过 H401 井丙型水驱曲线进行动态预测，其结果如下：

丙型水驱曲线直线段线性关系为 $\dfrac{L_p}{N_p} = a_1 + b_1 L_p$，其中 $a_1 = 32.19987$，$b_1 = 0.00010$，由此可得，

（1）可动油储量为：

$$N_{om} = \frac{1}{b_1} = \frac{1}{0.00010} = 10000t$$

（2）可采储量为：

$$N_R = \frac{1 - \sqrt{a_1(1 - f_{wl})}}{b_1} = 1975t$$

（3）采收率为：

$$E_R = \frac{N_R}{N} \times 100\% = \frac{1975}{10000} \times 100\% = 17.95\%$$

两种水驱曲线的拟合精度都大约为 90%，都满足：可采储量＜可动油储量＜地质储量的大小关系。其中甲型水驱曲线的采收率为 11.13%，丙型水驱曲线的采收率为 17.95%，两者具有一定差距，这就需要结合该油藏的实际情况进行具体分析，从而选择出适合的水驱曲线来指导生产以提高采收率。

第2章 塔河缝洞型碳酸盐岩油藏的含水规律

本章介绍塔河碳酸盐岩缝洞型油藏含水率曲线以及含水率曲线用于识别水窜时的几种分类情况，并给出油井水窜的判断标准和类型判定，在此基础上评价堵水方式的适应性。此外，针对塔河碳酸盐岩缝洞型油藏的水驱曲线特征和单井水驱曲线多样性特征进行介绍。

2.1 塔河缝洞型碳酸盐岩油藏含水率曲线的分类

油田含水上升规律一般分为凸形、凹形和 S 形三种基本模式，但具体到不同岩性、不同用途，又有不同的分类原则和分类方法。碳酸盐岩缝洞型油藏单井含水率曲线根据不同的用途可以有不同的分类。

根据油井的开发动态和储层发育情况分析，塔河缝洞型碳酸盐岩油藏油井产水特征又可分为缓慢上升型、台阶上升型、快速上升型和波动型四类(表 2-1)。

表 2-1 塔河缝洞型碳酸盐岩油藏油井产水特征类型划分

产水特征	储层发育情况	能量	产能及压力	特征分析	典型井
缓慢上升型	储层孔、洞、缝较发育，且与附近高渗层沟通，横向连通性较好，但垂直裂缝较不发育	能量下降过程中能及时得到一定的补给	产能高，压力高，具有较长自喷期	生产初期均不产水，有一定的无水生产期，与油层沟通优于水体沟通。随着油层压力降低，地下水沿裂缝进入井筒，但水量一般较稳定，含水上升速度比较缓慢。产能下降相对较慢	S80、TK7-607、TK7-639 井等
台阶上升型	储层孔、洞、缝较发育，与附近数个高渗层沟通，生产层段之间存在局部致密隔挡层	具有一定天然能量，一旦能量不足会出现含水率下降	产能高，压力高，具有一定自喷期	油井在纵向上存在多个生产层段。水体活跃，随着不断生产，井底压力降低，产水缝洞数量不断增加，含水呈台阶式上升。见水后产能下降较快	TK713 井
快速上升型	储层孔、洞、缝较发育，且与附近高渗层沟通，垂直裂缝较发育，一般都有天然的或人工的大型裂缝与层间水沟通	与层间水沟通，能量补给充足	产能高，压力高，具有一定自喷期	初期以产油气为主，不产地下水。油井见水后由于油水黏度比大，层间水迅速占据了原油的流动通道，含水快速上升，部分油井表现出暴性水淹特征。随着含水急剧上升，产量大幅下降	TK663、TK634、TK614、TK664

续表

产水特征	储层发育情况	能量	产能及压力	特征分析	典型井
波动型	储层孔、洞、缝均不发育，同时垂直裂缝较不发育	天然能量弱，无明显水体能量补充	产能低或无自然产能，压力低，自喷期短或间歇停喷	一般开井即见水，水体不活跃，所以水多为洞穴底部驱替残留水，水油体积比小。随着含水上升，产能递减较快	TK744、TK648

1. 缓慢上升型

这种含水类型见水井所在储层的孔、洞、缝发育，且与附近高渗层沟通，横向连通性较好。油层能量在下降过程中，能及时得到较充足的能量补给，属于沿裂缝迂回推进型和有致密段遮挡的径向见水型。垂直裂缝较不发育，产出水沿垂直裂缝锥进的极少。生产初期均不产水，有较长的无水和低含水采油期。随着油层压力的降低，地下水沿裂缝进入井筒，但水量一般较为稳定。油井见水后，含水上升速度比较缓慢(图 2-1 系列)，产能高，压力高，具有较长自喷期，随着含水上升产能逐渐下降，典型井有 S80 井、T7-607 井、TK7-639 井、TK667 井、TK711 井、TK746X 井等。

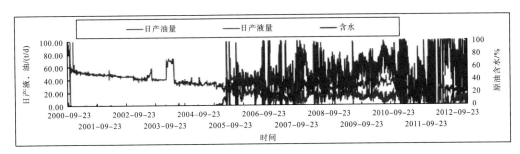

图 2-1(a)　S80 井采油曲线

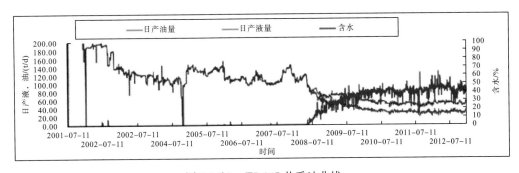

图 2-1(b)　T7-607 井采油曲线

2. 台阶上升型

这种含水类型见水井所在储层的孔、洞、缝较发育，与附近数个高渗带沟通，油井在纵向上存在多个生产层段，生产层段之间存在局部的致密隔挡层。具有一定天然能量。属于沿裂缝迂回推进型和有致密段遮挡的径向见水型。有一定的无水和低含水采油期。水体活跃，随着不断生产，井底压力降低，产水缝洞数量不断增加，含水呈台阶式上升(图 2-2

系列)。上升幅度取决于水淹生产层段的渗流能力。产能高,压力高,具有一定自喷期,随着含水上升产能下降较快,典型井有 TK713 井、TK602 井、TK7-631 井、TK666 井。

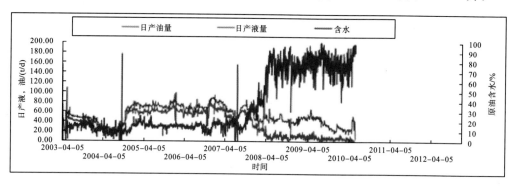

图 2-2(a)　TK713 井采油曲线

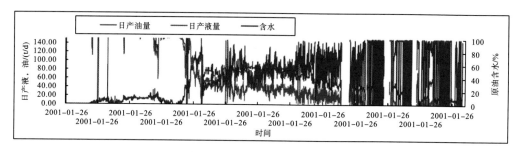

图 2-2(b)　TK602 井采油曲线

3. 快速上升型

这种含水类型见水井所在储层的孔、洞、缝发育,且与附近高渗层沟通,垂直裂缝较发育,一般都有天然的或人工的大型裂缝与层间水沟通,能量补给充足,初期以产油为主,不产地下水。无水和低含水采油期很短,甚至没有低含水期。油井见水后由于油水黏度比大,地下水迅速占据了原油的流动通道,含水在短时间内快速上升,部分油井表现出暴性水淹特征(图 2-3 系列)。含水上升速度和原油产量下降速度主要取决于层间水突破的生产层段中中小裂缝、溶洞的供油能力。产能高,压力高,具有一定自喷期,随着含水急剧上升,产能大幅下降,典型井有 TK663 井、TK634 井、TK614 井、TK664 井、TK603CH 井、TK649 井、TK717CH 井等。

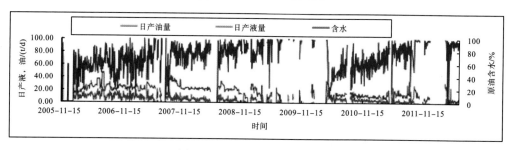

图 2-3(a)　TK663 井采油曲线

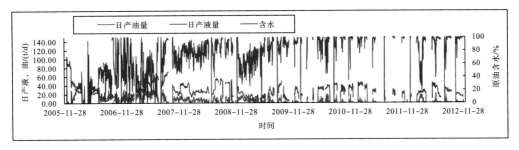

图 2-3(b)　TK603CH 井采油曲线

4. 波动型

这种含水类型见水井所在储层的孔、洞、缝均不发育，同时垂直裂缝较不发育，天然能量弱，无明显水体能量补充。一般开井即见水，水体不活跃，所出水多为洞穴底部或周缘的驱替残留水，水油体积比小。生产中产液表现为快速衰竭式变化，间歇式含水（图 2-4 系列）。产能低或无自然产能，压力低，自喷期短或间歇停喷，随着含水上升，产能递减较快，典型井有 TK744 井、TK648 井、S67 井、TK610 井等。

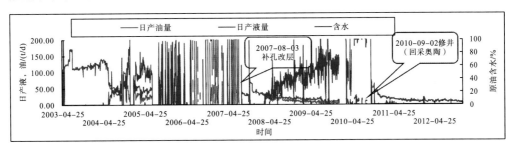

图 2-4(a)　TK648 井采油曲线

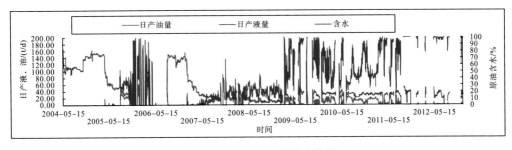

图 2-4(b)　TK744 井采油曲线

2.2　塔河缝洞型碳酸盐岩油藏油井水窜的识别

2.2.1　油井水窜识别标准

这里用于识别水窜给出两种分类：一是根据含水率特征分为变高、持续高含水、持

续低含水三类，以用比值法识别水窜；二是根据含水率特征分为持续高含水、持续低含
水、油井开始水窜、油井水窜结束四类。

1. 比值法

比值法，即以某一连续时间段含水率数据与其前一相同时长连续时间段含水率数据
做比值。比值法中的异常点，反映的是阶段性含水率开始发生变化。

利用比值法作图前，需先对实际含水率数据进行处理：

（1）根据油井实际生产情况，统计出该井最小措施施工天数 a。

（2）选取最佳值作为取油井含水率平均值的天数 b，并对含水率数据以 b 天为一个区
间取平均值。

（3）对含水率数据做取平均值处理后，以 c 天为时间间隔计算相邻两平均值之间的
比值。

数据处理时，a、b、c 满足关系：$c \leqslant b < a$。

油井含水率特征在比值图上的体现如表 2-2 所示。

表 2-2　含水率曲线形态与比值图对应关系

含水率特征	含水率曲线形态	比值图特征
变高	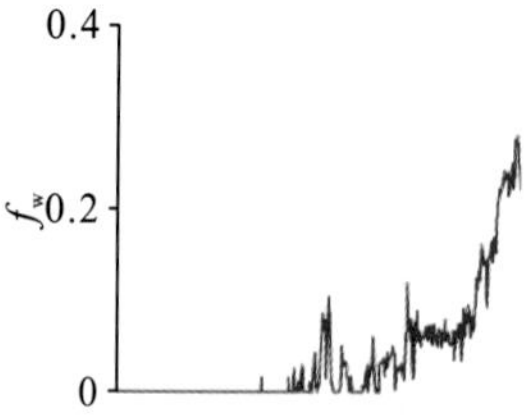	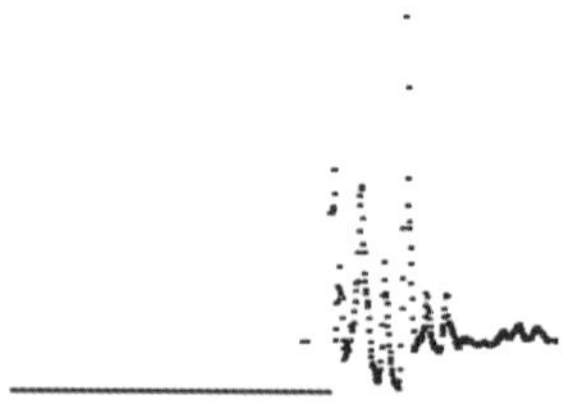
持续高含水	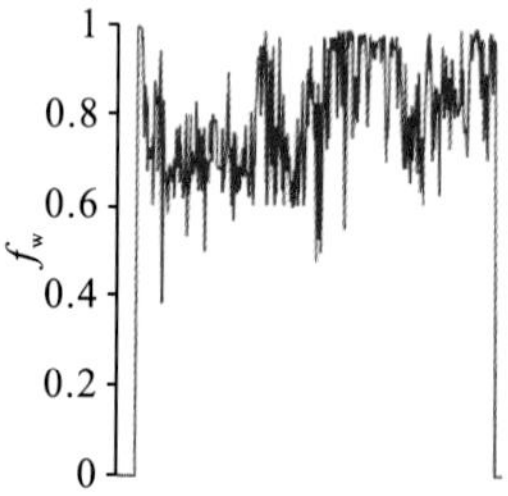	
持续低含水	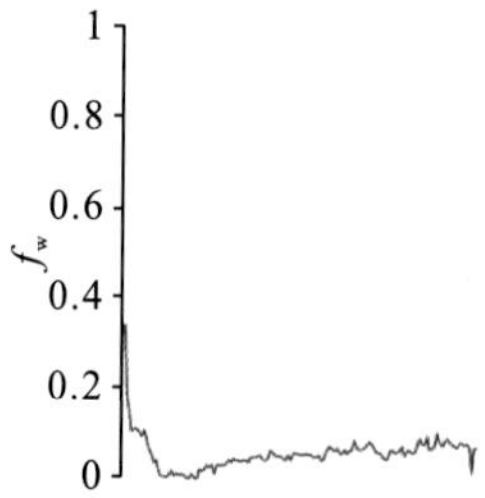	

由表 2-2 可见，当油井含水率值保持在一定范围内时（持续高含水或持续低含水），
比值图上均反映出曲线较为平缓。只有当含水率发生较大变化时，比值图上才会出现异
常高值。

2. 差值法

差值法，即以某一连续时间段含水率数据与其前一相同时长连续时间段含水率数据做差值。差值法中的异常点，反映的是水窜段的起始时间及终止时间。

差值法的数据处理方法与比值法一致，其中的异常幅度反映的是含水率变化幅度。利用差值法作图与油井含水率特征的匹配关系如表 2-3。

表 2-3　含水率曲线形态与差值图对应关系

含水率特征	含水率曲线形态	差值图特征
持续高含水		
持续低含水		
油井开始水窜		
油井水窜结束		

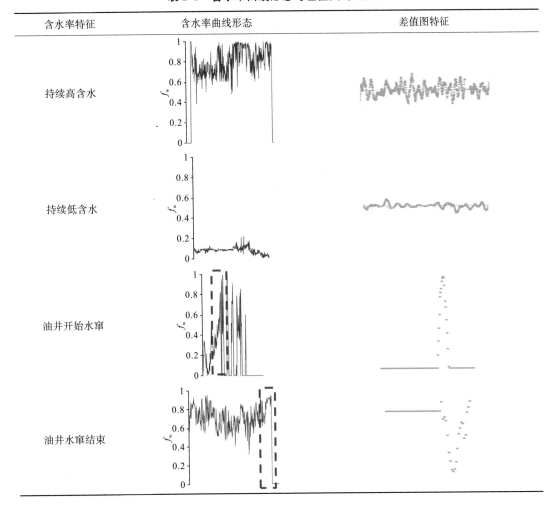

由表 2-3 可见，当油井持续高含水时，差值图表现为中等幅度的正负值交替出现；当油井持续低含水时，差值图表现为较低幅度的正负值交替出现；油井开始发生水窜时，差值图表现为异常高正值；油井水窜终止时，差值图表现为异常高负值。

通过含水率差值法和含水率比值法，可以从图中识别出具有明显异常的点。但是这些异常点并不全是水窜引起的。通过对历年堵水有效的油井进行统计，并利用上述两种方法来显示这些油井在堵水前含水率差值和含水率比值的动态情况。

例如 S67 井，从历年堵水资料查询，该井在 2004 年 3 月 1 日之前，生产比较稳定，含水率稳定在 50% 左右，此后含水开始升高，到了 2004 年 4 月 1 日，该井含水率为100%，2004 年 4 月 3 日因高含水关井，并于 2004 年 8 月 2 日进行了堵水措施，堵后无水采油，平均日产油为 100 m^3，表现出很好的堵水效果，堵水措施很好地堵住了底水的上升通道，对水窜进行了完全封堵。因此，这段时间的含水上升应该是由水窜引起的。

对 S67 井这段时间进行含水率差值与含水率比值分析，如图 2-5、图 2-6 所示。从图中可以明显地看出，在这时间段内，总共出现了 3 个较为明显的异常时间段，其中离堵水时间最近的一个异常时间点为 2004 年 3 月 6 日的含水率差值变化最为明显，再结合实际生产资料发现，该井在 2003 年 11 月期间有过两次停电，停止机抽，所以，这两个异常点应该是由于工作制度的调整而引起的。由此判断，2004 年 3 月 6 日的异常点可以用来表示水窜在含水率差值与比值上的形态。

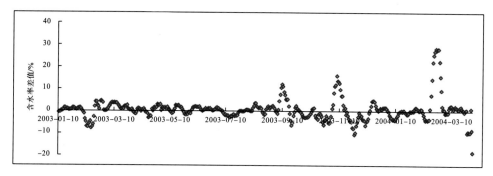

图 2-5   S67 井含水率差值图

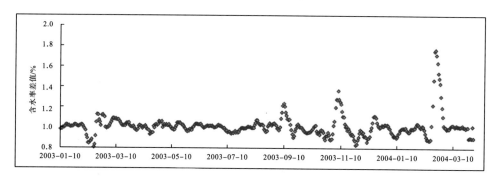

图 2-6   S67 井含水率比值图

通过这种方法，对历年堵水有效井进行了水窜识别，如下图所示：

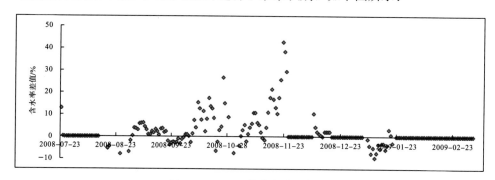

图 2-7   TK668 井含水率差值图

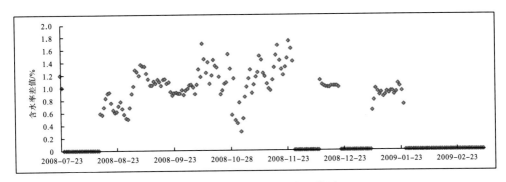

图 2-8 TK668 井含水率比值图

TK668 井 2009 年 1 月 7 日实施堵水措施,如图 2-7、图 2-8 所示。从图中可以看出,该井 2008 年 11 月 24 日,含水率差值达到 40.5%,含水率比值达到 1.7,图中显示为异常高点,由此判断为水窜。

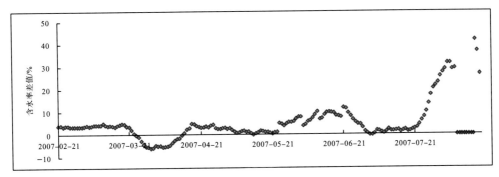

图 2-9 TK711 井含水率差值图

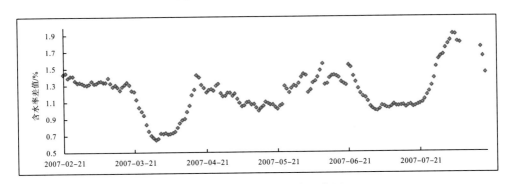

图 2-10 TK711 井含水率比值图

TK711 井 2007 年 8 月 24 日实施堵水措施,如图 2-9、图 2-10 所示。从图中可以看出,该井 2007 年 8 月 4 日,含水率差值达到 31.4%,含水率比值达到 1.9,图中显示为异常高点,由此判断为水窜。

利用含水率差值法和含水率比值法识别油井水窜,当油井发生水窜的时候,其含水率差值与含水率比值均会出现较高异常值,而当含水率保持较稳定的时候,其含水率差值与比值均表现为一段平滑的曲线,如表 2-4 所示。利用这种特征,可以对油井水窜进行准确识别。

表 2-4　水窜识别特征

含水率特征	含水率曲线形态	比值图特征	差值图特征
油井发生水窜			
油井持续高含水			
油井持续低含水			

利用含水率比值法与含水率差值法对塔河 6-7 区历年堵水井水窜进行识别，见表 2-5所示。通过大量的实验并结合实际生产数据验证，证实该方法实用、可靠。

表 2-5　历年堵水井水窜识别表

井号	堵水时间	堵水前含水率/%	识别水窜时间	含水率差值/%	含水率比值
TK716	2009-02-12	69.3	2008-11-11	19.7	1.54
TK634	2008-04-29	88.5	2008-01-13	17	1.32
TK715	2008-05-21	75.6	2008-02-11	31.2	1.9
TK668	2009-01-07	100	2008-11-24	42.5	1.8
TK667	2008-07-04	90	2008-06-17	31	1.6
TK663	2010-01-16	95.5	2009-11-16	26.4	1.43
TK654	2005-02-04	88.4	2005-01-06	26.3	1.52
TK653	2009-03-03	90.8	2009-01-19	19.7	1.28
TK650	2008-10-04	78.8	2008-09-11	16.2	1.3
TK643	2007-07-27	99	2007-04-12	15.2	1.22
TK641	2007-05-15	80.2	2007-02-26	21	1.43
TK745	2011-06-01	93.5	2011-04-19	39.2	1.9
TK744	2009-09-21	96.6	2009-07-08	26.8	1.42
TK711	2007-08-24	88	2007-08-04	31.4	1.9
S67	2004-08-02	100	2004-03-06	26.7	1.7

为了给出水窜识别标准，首先统计出塔河 6-7 区由于水窜原因而已经进行过堵水的油井，并利用这些油井在堵水前的生产资料，通过上述方法，对这些油井的水窜进行识别，绘制出

含水率差值与含水率关系图，含水率比值与含水率关系图，如图 2-11、图 2-12 所示。

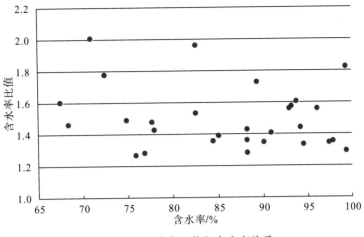

图 2-11　含水率比值与含水率关系

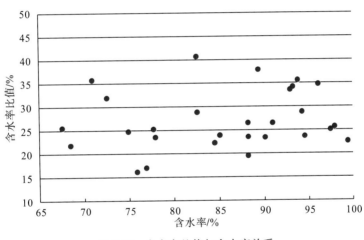

图 2-12　含水率差值与含水率关系

　　通过统计结果，由图 2-11 和图 2-12 可以看出，历年塔河 6-7 区油井发生水窜时，油井含水率比值基本上都处于 1.2～2，而含水率差值基本上都处于 15%～45%。因此，根据上述统计结果分析，认为当含水率比值为 1.2～2，含水率差值为 15%～45%，就认为该井已经发生了水窜。

　　通过表 2-5 还可以看出，不同油井在发生水窜的时候，其含水率比值与含水率差值是不同的。例如 TK667 井和 TK653 井，两口井均由于高含水进行了堵水措施，堵水前，含水率均为 90% 左右；通过比值法和差值法对 TK667 井和 TK653 井的水窜点进行识别，发现 TK667 井水窜点的含水率比值为 1.6，含水率差值为 31%，水窜前含水率为 51.6%；而 TK653 井水窜点的含水率比值为 1.28，含水率差值为 19.7%，水窜前含水率为 70%。由此可看出，同样是油井发生水窜，但油井发生水窜时的强度是不同的。

　　根据对历年堵水井水窜点含水率比值和含水率差值进行统计，将含水率比值为 1.2～1.6，含水率差值为 15%～30% 的水窜点定为强水窜；而将含水率比值为 1.6～2，含水率差值为 30%～45% 的水窜点定为强水窜。水窜强度划分标准如表 2-6 所示。

表 2-6　水窜强度划分标准

水窜类型	f_{w2}/f_{w1}	Δf_w
弱水窜	1.2～1.6.0	15%～30%
强水窜	1.6～2	30%～45%

2.2.2　油井水窜类型判定

一般来说，用比值法或差值法识别出水窜段后，需进一步划分水窜类型。

1. 底水水窜

如图 2-13 所示，发生底水水窜的油井是由于井底渗流优势通道被沟通，底水沿着优势通道向井筒窜进，导致油井产水急剧上升，含水率达到 80% 以上，等效于井筒中水柱的高度大幅增加，从而井筒的压力损失巨大，导致井口油套压急剧下降，产水后井底压差的减小也导致油井产液量的急剧下降，产液量急剧下降，产水量明显下降。

2. 注水水窜

判断注入水水窜时，首先判断其是否满足以下条件：
(1)示踪剂测试明显响应。
(2)注采响应明显。
(3)生产特征不同，注水见效初期产油、产液量增加，含水率下降；后期高含水时，增大注水量，产液量产水量增加，含水率增加，反之，减小注水量，产液量产水量降低，含水率也一定程度降低。

发生注入水水窜的油井，由于注入水能量很大，注入水沿高渗通道窜进能量损失不是很大，所以突破后即使含水率快速上升等效于井筒水柱高度增高，但油井井口油压套压仍是处于保持稳定或者上升趋势的，同时产液量保持稳定或上升，产油量明显下降，产水量快速上升，含水率快速上升。

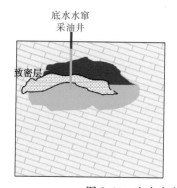 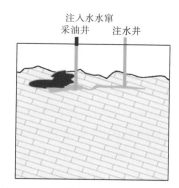

图 2-13　底水水窜与注入水水窜模式图

不同类型水窜类型生产特征对比如表 2-7 所示。

表 2-7　底水水窜与注入水水窜生产特征对比

水窜类型	油套压	产液量	产油量	产水量	含水率
底水水窜	急剧下降	急剧下降	急剧下降	明显下降	急剧上升
注水水窜	保持稳定或上升	保持稳定或上升	明显下降	快速上升	快速上升

同一口油井中，由于生产措施的变化以及周围井生产动态的变化，在不同时间段会发生不同性质的水窜。以 TK713（注）井/-TK716（采）井对为例（图 2-14），TK716 井于 2008 年 7 月 17 日转抽后，由于采液强度过大，导致底水快速占据优势通道，发生水窜，表现为含水快速上升，油套压、产油量、产液量大幅下降；2009 年 2 月采取堵水措施后含水上升得到有效控制。2011 年 8 月 29 日采取了酸化措施，酸化破坏前期堵水效果，导致来自 TK713 井的注入水发生水窜，油套压、产液量稳定上升，产油下降，含水率快速上升，发生水窜。

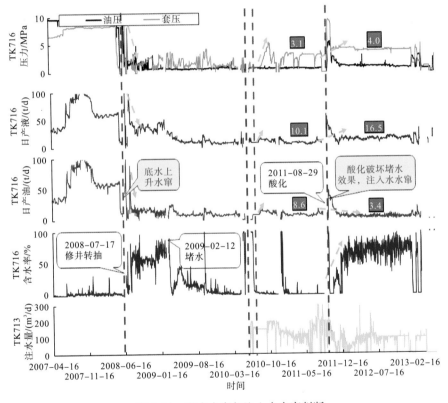

图 2-14　底水水窜与注入水水窜判断

运用以上对油井水窜的识别方法及水窜类型判定方法，对 S80 的油井进行水窜分析。

通过对 S80 生产井产水特征进行分析，结合油井产油、产液和油套压资料以及井措施和单元注水情况，确定出 S80 区共有 11 口井发生水窜。以 TK642 井组为例按注采井组分析如下：

通过对该井组内单井做比值图及差值图，判断出该井组内共有两口井，TK634、TK648 发生注入水水窜。

如图 2-15 所示，TK634 井以 4 天为时间单位取平均值，以 2 天为相差天数处理含水率数据，作出比值图及差值图。在比值图上，读出异常点为 2012 年 10 月 17 日，在此时间点之后，在差值图上读出异常点范围为 2012 年 10 月 31 日到 2012 年 11 月 7 日，即为水窜段。将该时间段对应到 TK634 井实际生产数据（图 2-16）可见，在该水窜段，TK634 井油压上升，产油量下降，产液量下降，含水率上升，为注水水窜。

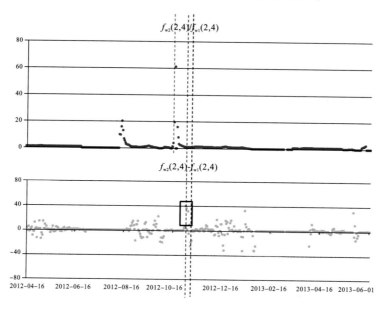

图 2-15　TK634 井比（差）值图

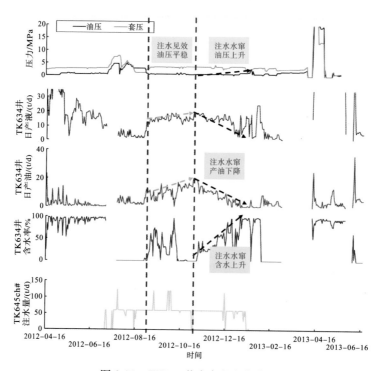

图 2-16　TK634 井水窜段生产曲线

如图 2-17 所示，TK648 井以 6d 为时间单位取平均值，以 3d 为相差天数处理含水率数据，作出比值图及差值图。在比值图上，读出异常点为 2013 年 3 月 25 日，在此时间点之后，在差值图上读出异常点范围为 2013 年 4 月 3 日到 2013 年 5 月 2 日，即为水窜段。将该时间段对应到 TK648 井实际生产数据（如图 2-18）可见，在该水窜段，TK648 井油压明显上升，产油量先短暂上升，后下降，产液量下降，含水率上升，为注水水窜。

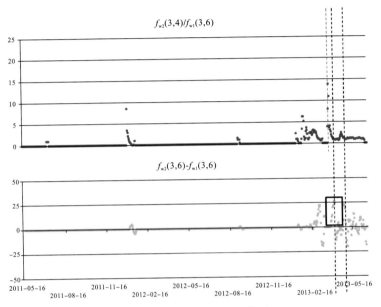

图 2-17　TK648 井比（差）值图

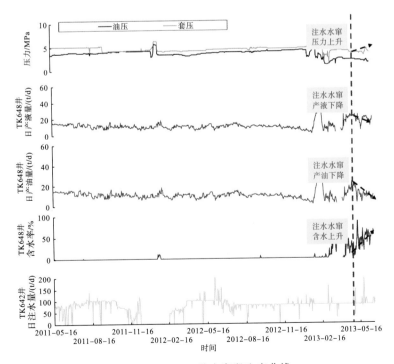

图 2-18　TK648 井水窜段生产曲线

表 2-8　S80 单元水窜井措施统计表

井号	日期	水窜类型	控制措施	措施效果	备注
TK715	2007-11～2007-12	底水水窜	堵水、上返酸压	见效	
	2008-10～2008-11	底水水窜	钻塞合采	见效	
TK716	2008-06～2008-07	底水水窜	堵水、上返酸压	见效	
	2011-12～2012-01	注水水窜	堵水、酸化	未见效	
TK744	2005-11～2005-12	底水水窜	酸压、修井	见效	
	2009-03～2009-04	底水水窜	堵水、注气	见效	
TK745	2010-10～2011-04	底水水窜	堵水	见效	
TK772	2012-04～2012-06	底水水窜	关井压锥，堵水	未见效	2012 年 12 月停产
T606	2009-07～2009-08	底水水窜	堵水	未见效	
	2010-04～2010-07	底水水窜	关井压锥	未见效	2011 年侧钻
TK626	2006-09～2006-10	底水水窜	修井、关井压锥、堵水	未见效	
	2010-06～2010-08	底水水窜	关井压锥、堵水	未见效	2011 年侧钻
S80	2007-10～2007-11	底水水窜	加降黏剂	见效	
	2010-12～2011-02	底水水窜	加降黏剂、关井	未见效	
	2012-11	注水水窜	注氮气	见效	
TK634	2007-08～2009-04	底水水窜	堵水、关井压锥	见效	
	2012-11～2012-12	注水水窜	关井压锥、注氮气	未见效	
TK648	2010-05～2010-06	底水水窜	修井	见效	
	2013-04～	注水水窜	关井压锥	未见效	
T7-607	2013-01～	注水水窜	关井压锥	未见效	

如表 2-8 所示，经统计，S80 缝洞单元发生水窜井共计 11 口。其中 4 口井 TK715、TK744、TK745、S80 已采取有效措施，控制产水；2 口井 T606、T626 已进行侧钻；1 口井 TK772 已关井停止生产；其余 4 口井 TK716、TK634、TK648、T7－607 发生水窜后未进行有效措施堵水。目前仍高含水的 4 口井分析如下：

（1）TK716 井。TK716 井于 2011 年 12 月～2012 年 1 月期间，由于受邻井 TK713 注水影响，油压、套压上升，产液量上升，含水率上升幅度约为 38.4%，日产油量下降 55.1%。目前该井由于高含水间歇开井生产中。

（2）TK634 井。TK634 井生产至 2012 年 12 月，由于受邻井 TK645ch 注水影响，油压上升，产液平稳，产油下降，含水率增加幅度达 43.3%，日产油量下降 72.7%。后因高含水间歇性开井生产。目前含水率较高。

（3）TK648 井。TK648 井生产至 2013 年 4 月，受邻井 TK642 注水影响，以及该井自身生产措施变动，油压、套压平稳，产液量略上升，产油下降，含水率增长幅度为 31.3%，日产油量下降 48.2%。

（4）T7-607 井。T7-607 井于 2012 年 12 月，由于长期受邻井 TK713、TK712ch 井注

水影响，套压平稳，产油下降，含水率增长幅度为 11.1%，日产油量下降 20.1%。

如表 2-9 所示，S80 单元中四口注水水窜井日产油量下降幅度均大于(或等于)30%，下降幅度较大，需进行措施堵水。

表 2-9　S80 单元注水水窜井统计

井号	水窜时间	含水率上升幅度/%	日产油下降比例/%	需进行措施与否
TK716	2011-12	38.4	55.1	是
TK634	2012-11	43.3	72.7	是
TK648	2013-04	31.3	48.2	是
T7-607	2013-01	11.1	20.1	是

2.2.3　油井水窜强度与堵水方式的适应性

由于在碳酸盐岩缝洞型油藏中，裂缝是主要的渗流通道，基质基本没有储集能力和渗流能力。陈连明[22]和康永尚[23]等人对多裂缝条件下油体流动规律进行了实验研究，认为，油水运移过程中裂缝的宽度是主要控制因素，宽裂缝对窄裂缝具有很强的流动抑制作用。在油水运移过程中，油相的主要流动通道是宽裂缝，窄裂缝基本不参与油相的运移。

根据塔河 6、7 区见水油井发生水窜强度与含水率值之间的关系，将水窜造成油井高含水的原因可以分为两类：

一类是由于强水窜造成的油井高含水。这类油井在发生水窜之前，产量一般较高，含水处于较低阶段。由于油水黏度比的差异，当底水通过宽裂缝进入油井时，油井产量递减幅度很大，含水率急剧上升，在较短时间内含水上升至 80% 以上，导致油井基本上只产水不产油。

另一类是弱水窜造成的油井高含水。通过统计这类油井生产情况，这类油井在水窜发生前其含水变化较为平缓，表现为水窜特征，且油井长时间属于油水同出状态。这类油井见水是通过窄裂缝流向井筒。

因此，油井不同的水窜特征可以表现出不同的产水方式，在进行堵水方式的选择上，如果对所有油井都采取笼统堵水，堵水效果可能较差，因为极有可能堵住水的同时也可能堵住了油。因此，应该对于不同的油井水窜特征，采取不同的堵水方案，这样才能取得较好的堵水效果。

以 TK715 井和 TK634 井为例，通过水窜识别方法，对 TK715 井进行水窜识别，判断该井在 2007 年 12 月 24 日发生水窜，从图 2-19、图 2-20 中看出，含水率差值为 31.2%，含水率比值为 1.9，判断水窜类型为强水窜。

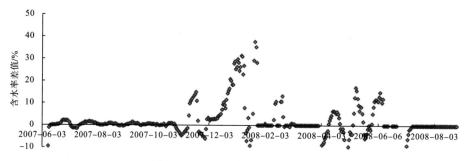

图 2-19　TK715 井含水率差值图

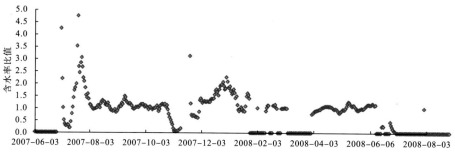

图 2-20　TK715 井含水率差值图

该井随后在 2008 年 5 月采用了机械封堵的堵水措施。从堵水后效果来看,堵水效果较好,平均日产油达到 85m³,油井产能得到恢复,如图 2-21 所示。

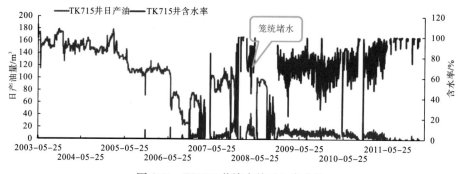

图 2-21　TK715 井堵水前后生产曲线

而对 TK634 井进行水窜识别,判断该井在 2008 年 6 月 5 日发生水窜,从图 2-22、图 2-23 中看出,含水率差值为 15%,含水率比值为 1.2,判断水窜类型为弱水窜。

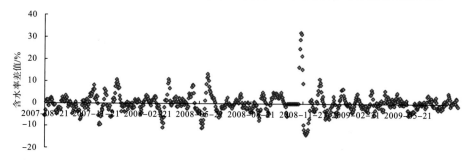

图 2-22　TK634 井含水率差值图

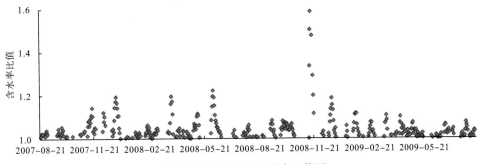

图 2-23　TK634 井含水率比值图

该井随后在 2009 年 12 月进行了堵水措施，采用的依然是笼统堵水。从堵水效果来看，堵水效果较不好，堵水后油井基本不产油，如图 2-24。

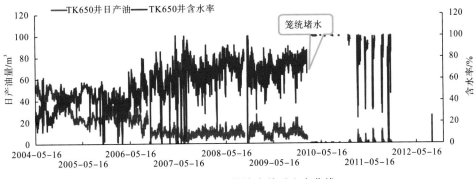

图 2-24　TK634 井堵水前后生产曲线

由此可以说明，堵水前对油井水窜特征的认识至关重要，应根据油井的水窜类型，判断出油井出水通道，进而采取对应的堵水措施。当油井出现强水窜时，应当采用机械封堵大裂缝的措施；而当油井出现弱水窜时，应该采用选择性封堵窄裂缝的堵水措施，这样才能提高堵水效果。

2.3　塔河缝洞型碳酸盐岩油藏水驱曲线特征

一个天然水驱或人工水驱的砂岩油藏，当它已全面开发并进入稳定生产以后，其含水达到一定程度并逐步上升时，在半对数坐标纸上以累计产水量为纵坐标，以累计产油量为横坐标，则二者之间的关系是一条直线，该曲线即为水驱曲线。在油田的注采井网、注采强度保持不变时，直线也保持不变，当注采方式变化后，则出现拐点，但直线关系仍然成立。

目前，水驱曲线类型主要有甲型、乙型、丙型三型以及非直线水驱曲线和广义水驱曲线等许多类型。其中，甲型水驱曲线在国内外得到了广泛的应用。它既可以预测经济极限含水率条件下的可采储量，又能对水驱油田的地质储量作出评价。关系式为

$$\lg W_{\mathrm{p}} = A_1 + B_1 N_{\mathrm{p}} \tag{2-1}$$

式中，W_p 为累计产水量，万 m^3；N_p 为累计产油量，万 m^3。

而完整典型的水驱曲线分为三段(图 2-25)，第 I 段曲线代表水驱作用刚刚影响油藏水驱能量并不稳定；第 II 段中间直线段，代表油藏进入全面水驱状态，水驱能量稳定，上述甲型水驱曲线公式也就是这一直线段的表达式；第 III 段，油藏进入高含水特高含水期，油井水淹。一般来说，目前对于水驱曲线研究无论是理论还是实践都限于砂岩油藏，而碳酸盐岩油藏水驱规律则截然不同于砂岩油藏。

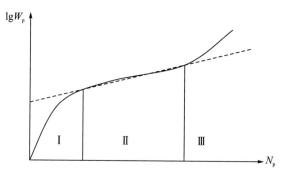

图 2-25　砂岩油藏甲型水驱曲线

塔河油田奥陶系油藏属于缝洞发育、非均质强的碳酸盐岩油藏，储集空间复杂，水驱曲线形态所反映的并不完全是图 2-25 三段式形态，除了出现第 I 段，还有很多缝洞单元单井水驱曲线直线段的 II 段呈台阶状(图 2-26)，生产一个阶段后，当压降波及另一个残留水体又会出现直线段 II，反映了碳酸盐岩油藏水驱规律复杂性，说明了水体能量不稳定、不充足，水驱曲线具有多个供给区的生产动态特征。在直线段 II 后出现的是第 I 段，反映压降刚刚波及另一个残留水体初期，水驱不稳定的阶段类似于第 I 段，而第 III 段仍然反映油藏进入高含水、特高含水期，油井水淹的水驱规律。

碳酸盐岩油藏水驱曲线直线段呈台阶状，反映了碳酸盐岩油藏具有缝洞发育、水体能量不稳定、水驱规律复杂的特征。

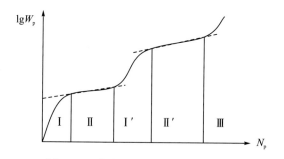

图 2-26　碳酸盐岩油藏甲型水驱曲线

塔河油田奥陶系油藏逐渐进入注水开发阶段，除了天然水体的水驱以外，未来注入水量也将影响水驱曲线特征。但就目前情况来看，影响水驱曲线的主要是油藏原始的油水分布和水体能量，现将塔河油藏几种典型的水驱曲线类型归纳如下。

1. 单一直线段 II

类似于砂岩油藏(图 2-25)，水驱曲线形态明显只有一个直线段 II，说明水驱能量供给只有一个水体。S48 单元具有这种特征的单井有：TK440 井（图 2-27）、TK425 井（图 2-28）、T401 井（图 2-29）、TK411 井（图 2-30）、TK408 井（图 2-31）。这些水驱曲线所反映的共同特征：直线段非常明显，直线段平直，稳定水驱作用时间持续得比较长，如 TK440 井水驱作用从 2001 年 7 月至 2006 年 3 月一直比较稳定，说明水体供给能量稳定充足，如 T401 井、TK411 井、TK408 井产层段靠近风化壳，都是缝洞发育区。

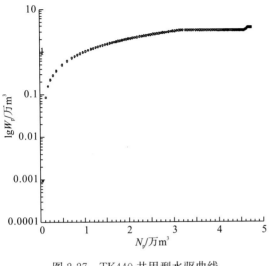

图 2-27 TK440 井甲型水驱曲线

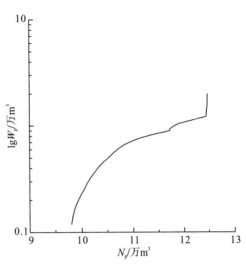

图 2-28 TK425 井水驱曲线

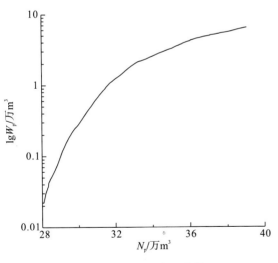

图 2-29 T401 井水驱曲线

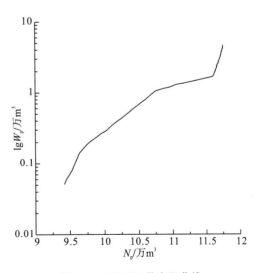

图 2-30 TK411 井水驱曲线

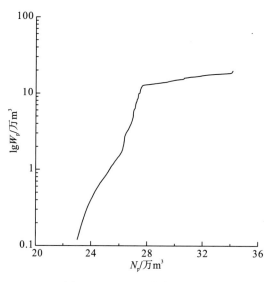

图 2-31　TK408 井水驱曲线

2. 多个直线段（Ⅱ）呈台阶状

这种类型比较特殊，完全有别于碎屑岩油藏。其主要原因是由于碳酸盐岩油藏缝洞单元内缝洞结构的复杂性造成油水分布的复杂性，没有严格的统一油水界面，甚至存在多个水体（或残留水体），引起在生产过程中随着压降漏斗的不断扩大，逐渐波及不同位置的残留水体，从而在水驱曲线上反映出台阶状的变化特征。

S65 单元 TK435 井（图 2-32）具有典型的台阶状，类似于（图 2-26）所示的碳酸盐岩油藏水驱曲线的形态。

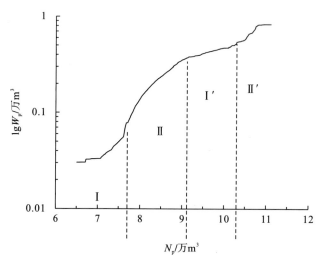

图 2-32　TK435 井水驱曲线

TK435 井于 2001 年 4 月 19 日投产，2002 年 11 月 23 日见水，无水采油 579 天。2002 年 11 月 24 日开始，由酸压裂缝沟通产层旁的溶洞油水同产，这一阶段含水稳定上升，直到 2005 年 6 月 1 日，当累计产油量生产到 10.36 万 m³ 时，压降波及邻井 TK461

井，含水开始快速上升(图 2-33)，而 TK461 井此正是时(2005 年 6 月 1 日)含水率由 57%上升到 93% 油井水淹阶段，说明邻井 TK461 水体已经开始向 TK435 井供给 (图 2-33)。这一生产特征反映在 TK435 井水驱曲线(图 2-34)直线段呈台阶状，第一个直线Ⅱ段代表产层附近的一个残留水体，第二个直线段Ⅱ′则代表邻井 TK461 井区的水体。

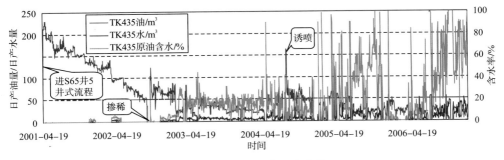

图 2-33　TK435 井生产曲线

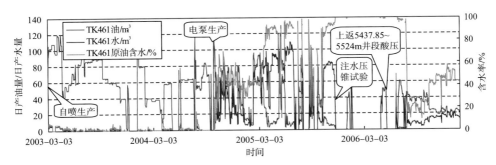

图 2-34　TK461 井生产曲线

既然水驱曲线能反映出同一个缝洞单元内存在多个水体，是否能够进一步证实这一结论呢？考虑到既然存在多个水体，那么从地层水的演化特征上来看，这些水体间在物理化学成分上或多或少会存在一定的差别，为此统计了 6 区、8 区的产水资料，绘制了全区钠钙系数、变质系数分布图(图 2-35~图 2-38)。从图中可以看出钠钙系数偏低的井有：S88 井、TK613 井、TK617 井、TK641 井、TK644 井；其中 S88 井处于 S66 单元，该井直井段产水未建产能，说明其直井段与邻井并不连通，其变质系数也低，完全有别于其他产油井，TK613 为单井单元能量低，说明其水体不发育，缝洞连通范围小相互独立，其水质的变质系数也低；TK617 也是单井单元能量不足，低产井高含水；TK641 的情况与前两个单元类似；TK644 井直井段也未建产能，其水质也表现出钠钙系数低的特点，从以上来看，钠钙系数和变质系数偏低的井多处于缝洞不发育、水体能量小的半封闭条件，这类缝洞体或井区连通性差产量低甚至未建产能，说明在成藏阶段油气充注少、后来流体改造小，地层水性质相对稳定，也进一步证实水体间在化学性质上存在着差异。

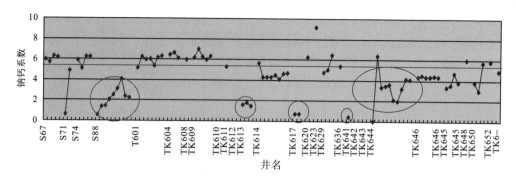

图 2-35　6 区产水井钠钙系数分布图

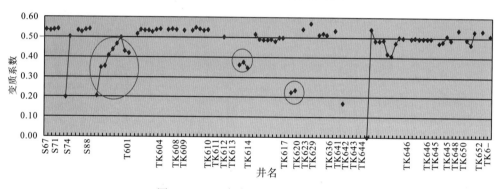

图 2-36　6 区产水井变质系数分布图

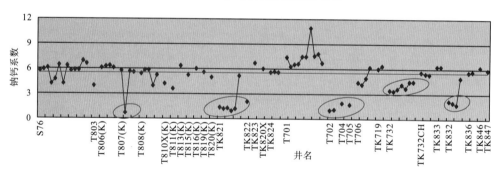

图 2-37　8 区产水井钠钙系数分布图

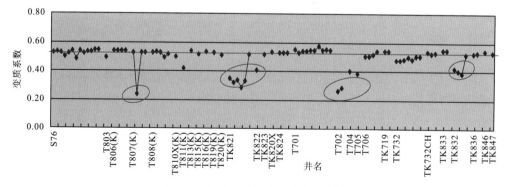

图 2-38　8 区产水井变质系数分布图

同样从图 2-37、图 2-38 可以看出，T807（K）井、TK821 井、T702 井、T704 井、

TK732 井、TK832 井的钠钙系数和变质系数也明显低于平均值，其中 TK832 井、TK821 井未建产，T704 井为单井单元油水同洞能量低，T807(K)井与 TK732 井为水洞未建产，T702 井直井段未建产，这些井的水质成因系数完全有别于产油井，进一步说明处于封闭(半封闭)条件下的水洞油气充注少(甚至没有)，外来流体改造小，水质相对稳定。

以上分析从区域上说明，塔河奥陶系油藏的水体间在化学性质上存在差异，水体成分具有多样性，那么对于同一个缝洞单元内水驱曲线反映存在的多个水体其水质是否有差异？这一问题在 T701 井有充分的说明。

图 2-39、图 2-40、图 2-41、图 2-42 是 T701 井水驱曲线与对应的水样分析对比图。T701 井位于岩溶过渡区，出露地层为恰尔巴克组。从生产特征来看，初期水产量、含水量均较高，后期产油、产水、油压和套压都呈下降趋势，表现为定容特征；该井在 $5653.0 \sim 5655.5m$、$5691.0 \sim 5693.5m$ 发生钻具放空现象，研究发现该井断裂不发育、与周围井连通差，可能是局部定容体。从该井水驱曲线来看，直线段具有明显的台阶状，第一个直线 II 段代表上方油洞产水规律，生产一段时间随着压降波及下方一个残留水体，在水驱曲线出现了第二个直线段 II 反映了这个残留水体水驱规律，尤为重要的是在水驱曲线上反映的两个水体逐渐推进的同时在水质上也有明显的差异：图 2-39 前后两个直线段

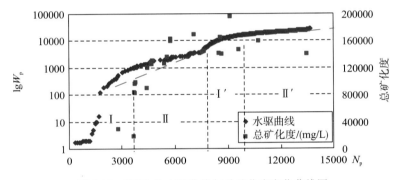

图 2-39　T701 井水驱曲线与总矿化度变化曲线图

对应的矿化度有差异，图 2-40 前后两个直线段对应的碳酸氢根离子含量有明显差异，图 2-41 反映氯根含量有差异，图 2-42 反映出地层水的密度也有变化，这些信息说明了 T701 井在生产过程中波及了两个水体，而且两个水体间水质发生了明显的差异，这也进一步证实碳酸盐岩油藏的水驱曲线有可能存在多个直线段。

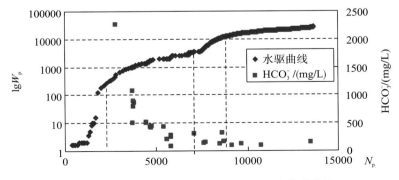

图 2-40　T701 井水驱曲线与碳酸根离子变化曲线图

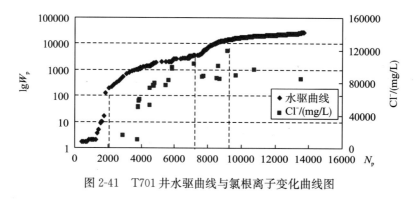

图 2-41　T701 井水驱曲线与氯根离子变化曲线图

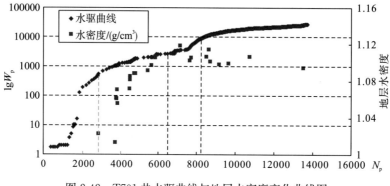

图 2-42　T701 井水驱曲线与地层水密度变化曲线图

3. 不规则的水驱曲线

在研究中发现，还有不少水驱曲线反映出不规则的特征，不具有明显的水驱特征，如图 2-43、图 2-44。

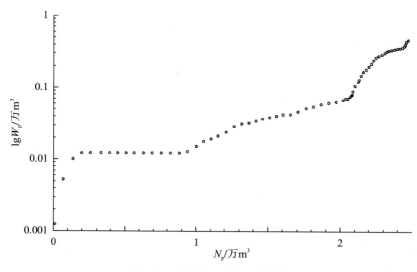

图 2-43　TK476 井甲型水驱曲线

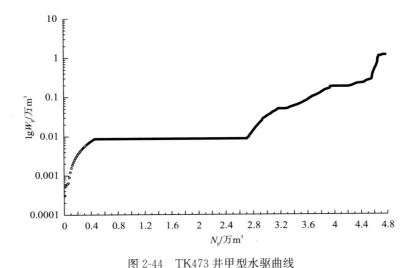

图 2-44　TK473 井甲型水驱曲线

2.4　塔河缝洞型碳酸盐岩油藏水驱油机理研究

2.4.1　塔河缝洞型碳酸盐岩油藏水驱油机理

水驱曲线法是研究水驱规律的一种方法，主要是研究累计产油量、累计产水量、累计产液量之间的关系，前文已经提到。

通过对塔河油田奥陶系碳酸盐岩油藏水驱曲线进行的大量分析，发现部分水驱曲线呈现出和传统砂岩碎屑岩相同的水驱曲线规律(图 2-45)。而大部分水驱曲线呈现的形态与砂岩碎屑岩不同，考虑从最基本的水驱曲线推导入手讨论曲线形态呈现差异的原因[25]。

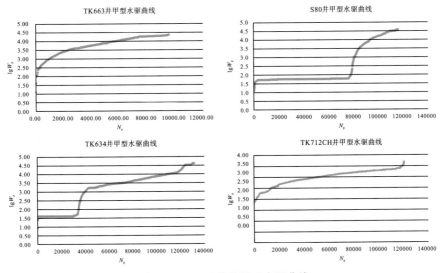

图 2-45　6-7 区单井甲型水驱曲线

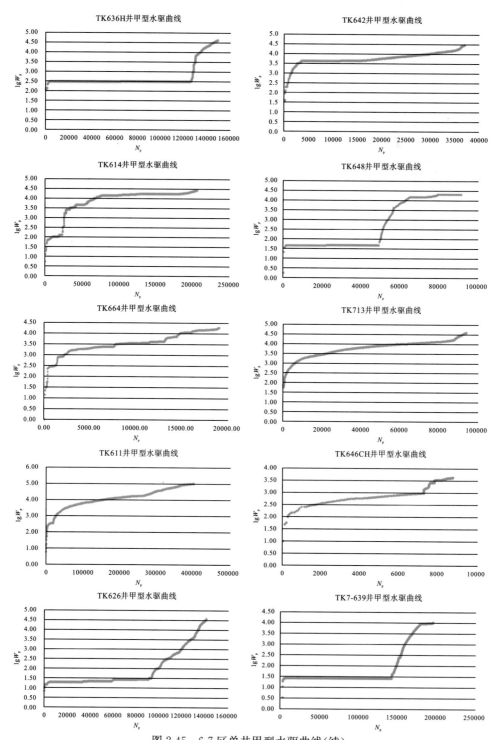

图 2-45　6-7 区单井甲型水驱曲线(续)

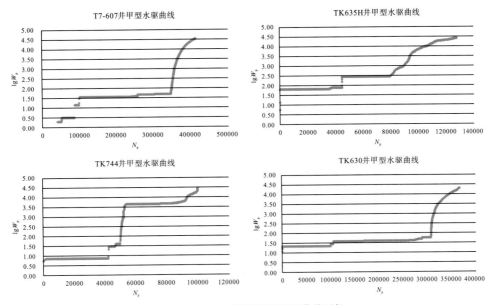

图 2-45 6-7 区单井甲型水驱曲线(续)

1. 非活塞典型水驱曲线

在非活塞水驱条件下,含水前缘推进方式如图 2-46 所示。一般的砂岩碎屑岩都为非活塞水驱[26],它们的曲线以甲型水驱曲线为例有 3 段。

第 I 段:代表水驱作用刚刚影响油藏,水驱能量不稳定。第 II 段:代表水驱能量稳定,油藏全面进入水驱状态。第 III 段:代表油藏进入中高、特高含水期,水驱曲线上翘,油井水淹。

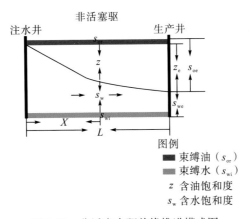

图 2-46 非活塞水驱前缘推进模式图

从最基本的水驱曲线推导入手,推导如下:

在油藏流体不可压缩,不考虑重力和稳定水驱条件下,一般砂岩碎屑岩水驱曲线推导:

$$N_p = N_o - N_{or} \tag{2-2}$$

式中,N_o 为地质储量;N_{or} 为剩余地质储量。

$$N_{\mathrm{o}} = \frac{100Fh\Phi\rho_{\mathrm{o}}(1-S_{\mathrm{wi}})}{B_{\mathrm{oi}}} \tag{2-3}$$

$$N_{\mathrm{or}} = \frac{100Fh\Phi\rho_{\mathrm{o}}(1-\overline{S}_{\mathrm{w}})}{B_{\mathrm{o}}} \tag{2-4}$$

把式(2-3)、式(2-4)带入式(2-2)得

$$N_{\mathrm{p}} = \frac{100Fh\Phi\rho_{\mathrm{o}}(1-S_{\mathrm{wi}})-(1-\overline{S}_{\mathrm{w}})\frac{B_{\mathrm{oi}}}{B_{\mathrm{o}}}}{B_{\mathrm{oi}}} \tag{2-5}$$

在地层压力比较稳定的条件下，$B_{\mathrm{o}}=B_{\mathrm{oi}}$，所以式(2-5)变形为

$$N_{\mathrm{p}} = \frac{100Fh\Phi\rho_{\mathrm{o}}(\overline{S}_{\mathrm{w}}-S_{\mathrm{wi}})}{B_{\mathrm{oi}}} \tag{2-6}$$

由式(2-6)得

$$\overline{S}_{\mathrm{w}} = \frac{N_{\mathrm{p}}}{\frac{100Fh\Phi\rho_{\mathrm{o}}}{B_{\mathrm{oi}}}} + S_{\mathrm{wi}} \tag{2-7}$$

式(2-7)分子分母同乘以$(1-S_{\mathrm{wi}})$得

$$\overline{S}_{\mathrm{w}} = \frac{N_{\mathrm{p}}(1-S_{\mathrm{wi}})}{\frac{100Fh\Phi\rho_{\mathrm{o}}(1-S_{\mathrm{wi}})}{B_{\mathrm{oi}}}} + S_{\mathrm{wi}} \tag{2-8}$$

把式(2-8)带入式(2-3)得

$$\overline{S}_{\mathrm{w}} = \frac{N_{\mathrm{p}}S_{\mathrm{oi}}}{N_{\mathrm{p}}} + S_{\mathrm{wi}} \tag{2-9}$$

在非活塞条件下，由 Buckley-Leverett 线性驱替理论，见水驱替方程为

$$X = \frac{W_{\mathrm{i}}}{A\Phi}\left[(\frac{\mathrm{d}f_{\mathrm{w}}}{\mathrm{d}S_{\mathrm{w}}})_{S_{\mathrm{w}}}\right] \tag{2-10}$$

在油井见水后，地层内的平均含水饱和度，由如下的 Welge 方程表示为

$$\overline{S}_{\mathrm{w}} = S_{\mathrm{we}} + Q_{\mathrm{i}}(1-f_{\mathrm{we}}) \tag{2-11}$$

式中累计注水量

$$Q_{\mathrm{i}} = \frac{W_{\mathrm{i}}}{A\Phi L} = \left(\frac{\mathrm{d}f_{\mathrm{w}}}{\mathrm{d}S_{\mathrm{w}}}\right)_{S_{\mathrm{we}}} = \frac{1}{\frac{\mathrm{d}f_{\mathrm{we}}}{\mathrm{d}S_{\mathrm{we}}}} \tag{2-12}$$

在地下油水黏度比 u_{g} 在 1~10 变化时，油水两相流动的出口端含油率，可由下式表示

$$f_{\mathrm{oe}} = \frac{50Z_{\mathrm{w}}^3}{u_{\mathrm{g}}} \tag{2-13}$$

$$f_{\mathrm{oe}} = 1 - f_{\mathrm{we}} \tag{2-14}$$

$$Z_{\mathrm{w}} = 1 - S_{\mathrm{or}} - S_{\mathrm{we}} \tag{2-15}$$

故得

$$1 - f_{\mathrm{we}} = \frac{50}{u_{\mathrm{g}}}(1-S_{\mathrm{or}}-S_{\mathrm{we}})^3 \tag{2-16}$$

$$\frac{\mathrm{d}f_{\mathrm{ws}}}{\mathrm{d}s_{\mathrm{we}}} = \frac{1}{Q_{\mathrm{i}}} = \frac{150}{u_{\mathrm{g}}}(1-S_{\mathrm{or}}-S_{\mathrm{we}})^2 \tag{2-17}$$

把式(2-16)，式(2-17)带入式(2-11)得

$$\overline{S_w} = S_{we} + \frac{1}{3}(1 - S_{or} - S_{we}) = \frac{2}{3}S_{we} + \frac{1}{3}(1 - S_{or}) \tag{2-18}$$

由式(2-18)得出

$$S_{we} = \frac{3}{2}\left(\frac{N_p S_{oi}}{N_o} + S_{wi}\right) + \frac{1}{2}(1 - S_{or}) \tag{2-19}$$

1)甲型水驱曲线推导

$$\frac{K_{ro}}{K_{rw}} = \frac{K_o/K}{K_w/K} = \frac{K_o}{K_w} = n e^{-mS_{we}} \tag{2-20}$$

在水驱稳定渗流条件下：

$$\frac{K_o}{K_w} = \frac{Q_o u_o B_o \rho_w}{Q_w u_w B_w \rho_o} \tag{2-21}$$

把式(2-21)带入式(2-20)得

$$Q_w = Q_o \frac{u_o B_o \rho_w}{n u_w B_w \rho_o} e^{mS_{we}} \tag{2-22}$$

已知油田累计产水量：

$$W_p = \int_0^T Q_w dt \tag{2-23}$$

将式(2-22)带入式(2-23)得

$$W_p = \frac{u_o B_p \rho_w}{n u_w B_w \rho_o} \int_0^T Q_o e^{mS_{we}} dt \tag{2-24}$$

把式(2-18)代入式(2-6)得

$$N_p = \frac{100 Fh \Phi \rho_o \left[\frac{2}{3}S_{we} - S_{wi} + \frac{1}{3}(1 - S_{or})\right]}{B_{oi}} \tag{2-25}$$

由式(2-25)对时间 t 求导后产油量

$$Q_o = \frac{dN_P}{dt} = \frac{100 Fh \Phi \rho_o}{B_{oi}} \frac{2}{3} \frac{dS_{we}}{dt} \tag{2-26}$$

将式(2-26)的分子与分母同乘 $(1-S_{wi})$ 得

$$Q_o = \frac{100 Fh \Phi \rho_o (1 - S_{wi})}{B_{oi}(1 - S_{wi}) \frac{2}{3} \frac{dS_{ws}}{dt}} \tag{2-27}$$

将式(2-3)带入式(2-27)得

$$Q_o = \frac{N_p}{(1 - S_{wi})} \frac{2}{3} \frac{dS_{ws}}{dt} \tag{2-28}$$

将式(2-28)带入式(2-24)得

$$W_p = \frac{N_o}{(1 - S_{wi})} \frac{2 u_o B_o \rho_w}{2 n u_w B_w \rho_o} \int_{S_{wi}}^{S_{we}} e^{mS_{we}} dS_{we} \tag{2-29}$$

式(2-29)积分得

$$W_p = \frac{N_o}{(1 - S_{wi})} \frac{2 u_o B_o \rho_w}{3 n u_w B_w \rho_o} (e^{mS_{we}} - e^{mS_{wi}}) \tag{2-30}$$

令

$$D = \frac{N_o}{(1 - S_{wi})} \frac{2u_o B_o \rho_w}{3nu_w B_w \rho_o} \qquad (2\text{-}31)$$

则

$$W_p = D(e^{mS_{we}} - e^{mS_{wi}}) \qquad (2\text{-}32)$$

令

$$C = De^{mS_{wi}} \qquad (2\text{-}33)$$

得

$$W_p = De^{mS_{we}} - C \qquad (2\text{-}34)$$

将式(2-19)带入式(2-34)得

$$W_p + C = De^{m\left[\frac{3}{2}\left(\frac{N_p S_{oi}}{N_o} + S_{wi}\right) + \frac{1}{2}(1 - S_{or})\right]} = De^{\left[\frac{3}{2}\frac{mN_p S_{oi}}{N_o} - \frac{m}{2}(1 - S_{or} + 3S_{wi})\right]} \qquad (2\text{-}35)$$

令

$$E = \frac{m}{2}(S_{or} + 3S_{wi} - 1) \qquad (2\text{-}36)$$

则

$$W_p + C = De^{\left(\frac{3}{2}\frac{mN_p S_{oi}}{N_o} + E\right)} \qquad (2\text{-}37)$$

将式(2-37)两边取对数

$$\lg(W_p + C) = \lg D + \frac{E}{2.303} + \frac{3mS_{oi}}{4.606N_o}N_p \qquad (2\text{-}38)$$

令

$$A_1 = \lg D + \frac{E}{2.303} \qquad (2\text{-}39)$$

$$B_1 = \frac{3mS_{oi}}{4.606N_o} \qquad (2\text{-}40)$$

则得

$$\lg(W_p + C) = A_1 + B_1 N_p \qquad (2\text{-}41)$$

油田生产后期，W_p 增大，常数 C 影响变小，上式可化为

$$\lg W_p = A_1 + B_1 N_p \qquad (2\text{-}42)$$

式(2-42)便是甲型水驱曲线。

2)乙型水驱曲线

$$\text{WOR} = \frac{Q_o}{Q_w} = \frac{u_o B_o \rho_w}{nu_w B_w \rho_o}e^{mS_{we}} \qquad (2\text{-}43)$$

将式(2-19)带入式(2-43)得水油比

$$\text{WOR} = \frac{u_o B_o \rho_w}{nu_w B_w \rho_o} \qquad (2\text{-}44)$$

将式(2-35)带入式(2-44)得

$$\text{WOR} = \frac{u_o B_o \rho_w}{nu_w B_w \rho_o}e^{\left[\left(\frac{3}{2}\frac{mN_p S_{oi}}{N_o}\right) - \frac{m}{2}(S_{or} - 1 + 3S_{wi})\right]} \qquad (2\text{-}45)$$

对公式(2-45)取常用对数后得

$$\lg \text{WOR} = \lg \frac{u_{\text{o}}B_{\text{o}}\rho_{\text{w}}}{nu_{\text{w}}B_{\text{w}}\rho_{\text{o}}} + \frac{E}{2.303} + \frac{3mS_{\text{oi}}}{4.606N_{\text{o}}}N_{\text{p}} \tag{2-46}$$

设

$$A_2 = \lg \frac{u_{\text{o}}B_{\text{o}}\rho_{\text{w}}}{nu_{\text{w}}B_{\text{w}}\rho_{\text{o}}} + \frac{E}{2.303} \tag{2-47}$$

$$B_2 = \frac{3mS_{\text{oi}}}{4.606N_{\text{o}}} \tag{2-48}$$

$$\lg \text{WOR} = A_2 + B_2 N_{\text{p}} \tag{2-49}$$

公式(2-49)为乙型水驱曲线。

　　3)丙型水驱曲线

将式(2-41)两端各减一项"$\lg N$"则得

$$\lg (W_{\text{p}}/N + C') = A_1' + B_1'2N_{\text{p}} \tag{2-50}$$

$$A_1' = A_1 - \lg N \tag{2-51}$$

油田进入中高含水后 C' 可以忽略不计

$$\frac{\lg W_{\text{p}}}{N} = A_1' + B_1 N_{\text{p}} \tag{2-52}$$

公式(2-52)为丙型水驱曲线。

　　4)丁型水驱曲线

甲型水驱曲线:

$$\lg W_{\text{p}} = A_1 + B_1 N_{\text{p}} \tag{2-53}$$

乙型水驱曲线:

$$\lg L_{\text{p}} = A_1 + B_1 N_{\text{p}} \tag{2-54}$$

$$A_2 = A_1 + \lg (2.303 B_1) \tag{2-55}$$

$$B_1 = B_2 \tag{2-56}$$

式(2-54)与式(2-55)相减得

$$\lg W_{\text{p}} = A_1 - A_2 + \lg \text{WOR} \tag{2-57}$$

$$A_3 = A_1 - A_2 \tag{2-58}$$

$$\lg W_{\text{p}} = A_3 + \lg \text{WOR} \tag{2-59}$$

6-7 区单元典型井水驱曲线如图 2-47~图 2-54 所示。

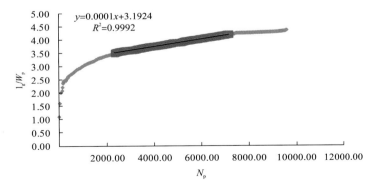

图 2-47　TK663 井甲型水驱曲线

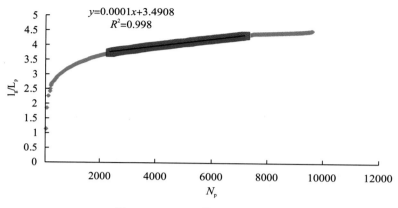

图 2-48　TK663 井乙型水驱曲线

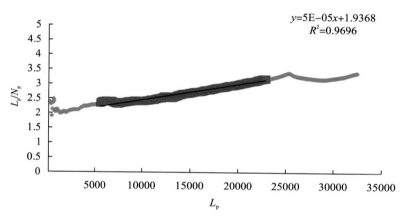

图 2-49　TK663 井丙型水驱曲线

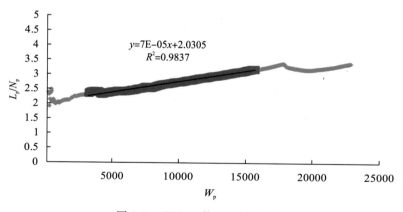

图 2-50　TK663 井丁型水驱曲线

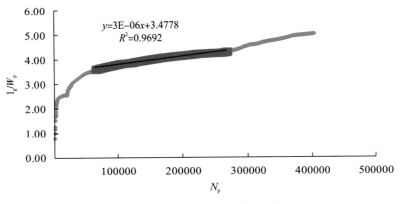

图 2-51　TK611 井甲型水驱曲线

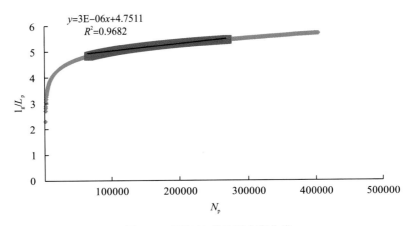

图 2-52　TK611 井乙型水驱曲线

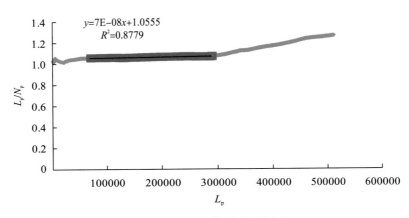

图 2-53　TK611 井丙型水驱曲线

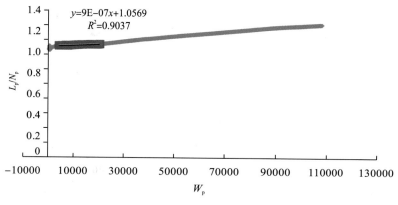

图 2-54　TK611 井丁型水驱曲线

2. 活塞典型水驱曲线

在活塞水驱条件下，含水前缘推进方式如图 2-55 所示。根据活塞驱定义，在生产井见水前，只有少部分可动水或者无水进入生产井，生产井会有一段无水采油期，用传统甲型水驱曲线关系式 $N_p\text{-}W_p$ 研究该类曲线在半对数坐标上会有两段（如图 2-56 所示）。第Ⅰ段：水驱前缘未到达生产井，生产井不产水，或者只产很少部分可动水。第Ⅱ段：水驱前缘到达生产井后，生产井开始大量出水。

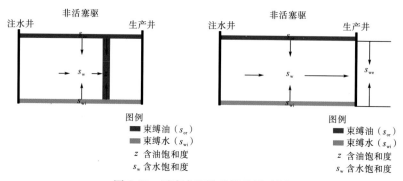

图 2-55　活塞水驱前缘推进模式图

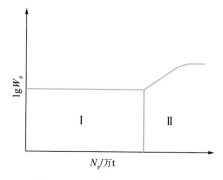

图 2-56　活塞式甲型水驱曲线

1）Ⅰ类活塞水驱曲线

甲型水驱曲线：

$$\lg W_p = A_1 + B_1 N_p \tag{2-60}$$

乙型水驱曲线:

$$\lg L_p = A_2 + B_2 N_p \tag{2-61}$$

$$A_2 = A_1 + \lg(2.303 B_1) \tag{2-62}$$

$$B_1 = B_2 \tag{2-63}$$

$$L_p = N_p + W_p \tag{2-64}$$

利用通式

$$N_p = a + b\lg(nN_p + W_p + C) \tag{2-65}$$

式中, $n = 0$ 时为甲型水驱曲线, $n = 1$ 时为乙型水驱曲线。

对式 (2-65) 微分得

$$\frac{\mathrm{d}N_p}{\mathrm{d}t} = \frac{b}{nN_p + W_p + C}\left(\frac{\mathrm{d}W_p}{\mathrm{d}t} + n\frac{\mathrm{d}N_p}{\mathrm{d}t}\right) \tag{2-66}$$

$$Q_o = \frac{\mathrm{d}N_p}{\mathrm{d}t} \tag{2-67}$$

$$Q_w = \frac{\mathrm{d}W_p}{\mathrm{d}t} \tag{2-68}$$

可将上式变形为

$$nN_p + W_p + C = b\left(n + \frac{Q_w}{Q_o}\right) \tag{2-69}$$

带入分流量公式

$$nN_p + W_p + C = b\left(n + \frac{f_w}{1 - f_w}\right) \tag{2-70}$$

把式 (2-70) 带入通式有

$$N_p = a + b\lg b + b\lg\left(n + \frac{f_w}{1 - f_w}\right) \tag{2-71}$$

$f_w = 0.98$ 时, 由上式得到的可采储量关系式为

$$N_r = a + b\lg b + b\lg(n + 49) \tag{2-72}$$

公式 (2-71) 除以公式 (2-72), 整理的含水率与采出程度关系为

$$f_w = \frac{2}{1 + \{10^{R_D [C + \lg(49 + n)] - C} - n\}^{-1}} \tag{2-73}$$

式中

$$R_D = \frac{N_p}{N_r}C = a + b\lg b \tag{2-74}$$

2) Ⅱ类活塞水驱曲线

丙型水驱曲线通式

$$\frac{L_p}{N_p} = a + bL_p \tag{2-75}$$

丁型水驱曲线通式

$$\frac{L_p}{N_p} = a + bW_p \tag{2-76}$$

因为

$$L_p = N_P + W_p \tag{2-77}$$

所以丙型、丁型水驱曲线可以概括为如下通式

$$\frac{W_p + nN_p}{N_p} = a + b(W_p + nN_p) \tag{2-78}$$

当 $n=0$ 时，式(2-78)为丁型水驱曲线。当 $n=1$ 时，公式(2-78)为丙型水驱曲线。与 1 类活塞曲线推导相似，两边微分并带入分流方程，可得 $N_p\text{-}f_w$ 关系为

$$N_p = \frac{1}{b}\left(1 - \sqrt{a\,\frac{1-f_w}{f_w + n(1-f_w)}}\right) \tag{2-79}$$

取 $f_w = 0.98$，可得预测可采储量关系

$$N_r = \frac{1}{b}\left(1 - \sqrt{\frac{a}{n+49}}\right) \tag{2-80}$$

上两式相除，整理得含水率与采出程度关系为

$$f_w = \cfrac{1}{1 + \left\{ \cfrac{2}{\left[1 - R_D\left(1 - \sqrt{\cfrac{2}{n+49}}\right)\right]^2} \right\}^{-1}} \tag{2-81}$$

若水驱接近活塞驱，那么油井见水后，Q_w 远大于 Q_o，按分流量公式有

$$f_w = \frac{Q_w}{Q_o + Q_w} \approx 1 - \frac{Q_o}{Q_w} \tag{2-82}$$

即

$$\frac{1}{1-f_w} = \frac{Q_w}{Q_o} = u_R\,\frac{K_{rw}}{K_{ro}} \tag{2-83}$$

在注水开发过程中，油层的饱和度可写为

$$\overline{S_w} = S_{wi} + \frac{N_p}{N}(1 - S_{wi}) \tag{2-84}$$

将式(2-84)带入式(2-71)得

$$N\,\frac{\overline{S_w} - S_{wi}}{1 - S_{wi}} = a + b\lg b + b\lg\left(n + \frac{f_w}{1-f_w}\right) \tag{2-85}$$

令

$$A_1 = \frac{N}{b(1 - S_{wi})} \tag{2-86}$$

$$B_1 = \frac{1}{b}\left(\frac{S_{wi}N}{1 - S_{wi}} + a + b\lg b\right) \tag{2-87}$$

那么式(2-85)为

$$n + \frac{f_w}{1-f_w} = e^{A_1\overline{S_w} - B_1} \tag{2-88}$$

当 $n=0$ 时，有

$$\frac{f_w}{1-f_w} = e^{A_1\overline{S_w} - B_1} \tag{2-89}$$

$n=1$ 时，有

$$\frac{1}{1-f_{\mathrm{w}}} = e^{A_1 \overline{S_{\mathrm{w}}} - B_1} \tag{2-90}$$

将 N_{p} 带入

$$n + \frac{f_{\mathrm{w}}}{1-f_{\mathrm{w}}} = (A_2 \overline{S_{\mathrm{w}}} - B_2)^{-2} \tag{2-91}$$

式中

$$A_2 = \sqrt{\frac{1}{a}} \left[1 + \frac{bS_{\mathrm{wi}}N}{1-S_{\mathrm{wi}}} \right] \tag{2-92}$$

$$B_2 = \sqrt{\frac{1}{a}} \left(\frac{bN}{1-S_{\mathrm{wi}}} \right) \tag{2-93}$$

当 $n=0$ 时,

$$\frac{f_{\mathrm{w}}}{1-f_{\mathrm{w}}} = (A_2 \overline{S_{\mathrm{w}}} - B_2)^{-2} \tag{2-94}$$

当 $n=1$ 时,

$$\frac{1}{1-f_{\mathrm{w}}} = (A_2 \overline{S_{\mathrm{w}}} - B_2)^{-2} \tag{2-95}$$

两式对比得,在 $u_R \dfrac{K_{\mathrm{rw}}}{K_{\mathrm{ro}}}$ 为某一饱和度函数时,$n=0$,表示水驱为非活塞驱。$n=1$ 时,表示水驱转为活塞水驱。因此,当水驱油特征由非活塞变为活塞,n 由 0 变为 1,因此把 n 称为活塞系数。图 2-57、图 2-58 分别为 TK716 井活塞式水驱曲线、T7-607 活塞式水驱曲线。

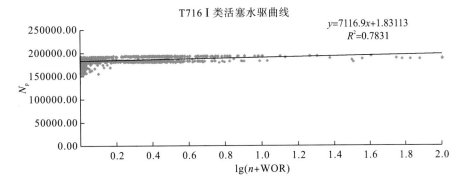

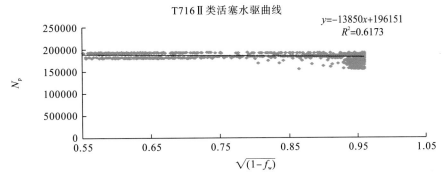

图 2-57 TK716 活塞式水驱曲线

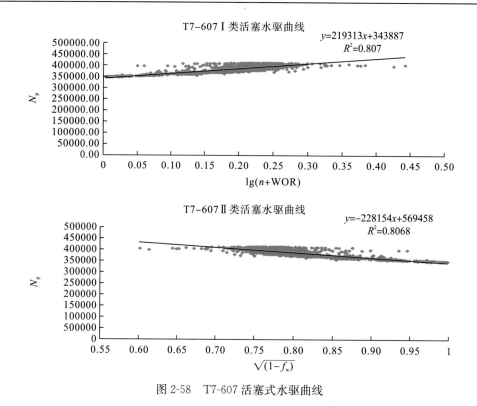

图 2-58　T7-607 活塞式水驱曲线

3. 过渡型水驱曲线

孙玉凯等在进行水驱特征曲线研究时，曾将活塞水驱特征曲线分为两大类：一类是 N_p-W_p+C 关系曲线，称为 W_p+C 型；另外一种是 N_p-L_p+C，称为 L_p+C 型。通过前面的证明，可以知道 W_p+C 型反映的水驱特征为非活塞型，L_p+C 型反映的水驱特征为活塞型。但是通过实际统计发现还有一种既不满足非活塞水驱规律，又不满足活塞规律的水驱情况，这种水驱通常被定义为过渡水驱曲线。根据活塞水驱曲线的推导有：

Ⅰ类活塞水驱曲线：

$$N_p = a + b\lg b + b\lg\left(n + \frac{f_w}{1-f_w}\right) \qquad (2\text{-}96)$$

$$f_w = \frac{1}{1 + \left\{10^{R_D\left[C-\lg(49+n)\right]-C} - n\right\}^{-1}} \qquad (2\text{-}97)$$

Ⅱ类活塞水驱曲线：

$$N_p = \frac{1}{b}\left\{1 - \sqrt{a\,\frac{1-f_w}{f_w + n(1-f_w)}}\right\} \qquad (2\text{-}98)$$

$$f_w = \frac{1}{1 + \left\{\left[1 - R_D\left(1 - \sqrt{\dfrac{C}{n+49}}\right)\right]^2\right\}^{-1}} \qquad (2\text{-}99)$$

由前面水驱曲线的推导知道，n 在 0~1 变化时，水驱曲线介于活塞与非活塞之间为过渡型水驱曲线，对于过渡水驱曲线，R_D-f_w 曲线有两个变量，固定其中一个变量值，可以画出另外一个值对应的图版（如图 2-59，图 2-60 所示）。

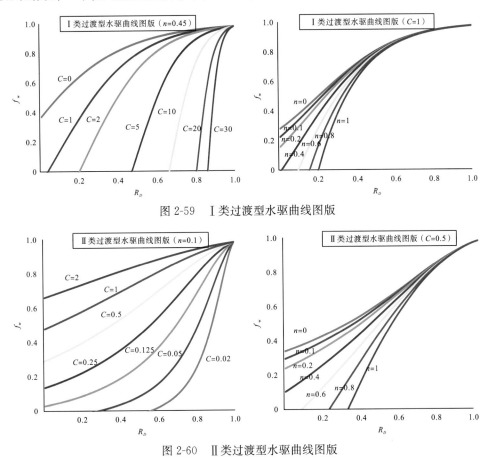

图 2-59　Ⅰ类过渡型水驱曲线图版

图 2-60　Ⅱ类过渡型水驱曲线图版

图 2-61、图 2-62 为单元典型过渡型水驱生产井 TK642 过渡水驱曲线在图版中的反映。

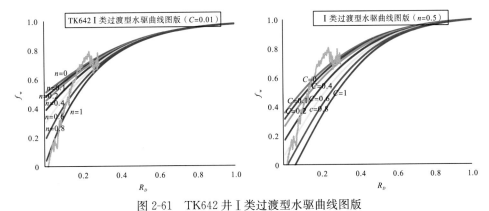

图 2-61　TK642 井Ⅰ类过渡型水驱曲线图版

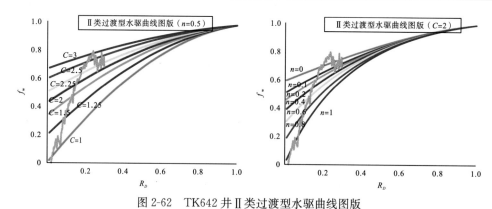

图 2-62　TK642 井 II 类过渡型水驱曲线图版

2.4.2　实例分析

碳酸盐岩水驱不仅受到单井储层特征油水分布的影响，还要考虑邻井的连通干扰，以及生产措施产生的影响，所以本书针对典型的活塞型、过渡型、非活塞型以井组为单位从地质因素和生产因素研究水驱差异性。

2.4.2.1　非活塞水驱井组分析

1. TK663 井组基础数据

TK663 水驱曲线形态是典型的非活塞式水驱井。2005 年 11 月 15 日进行酸压，测井解释产层段裂缝发育，并进行酸压施工，为孔缝型储集层，试油解释为油水同层。

S80 井是 TK663 井的一口相邻井，完钻层位下奥陶统。钻井过程中没有放空漏失，测井解释为油气层。

T606CX 井也是 TK663 的一口相邻井，完钻层位：$O_{1-2}y$。钻井过程中没有放空漏失，测井解释为油水同层。

TK663 井所处构造位置较低，开井即见水，钻遇孔缝型储层未与大的缝洞储集体沟通，产油、产液能力低；而其邻井 S80 井、TK635H、TK611 井所处构造位置较高，均有一定时间的无水采油期，产油、产液能力大（如图 2-63）。

2. 生产情况

1）TK663 井生产情况

如图 2-64 所示，TK663 井生产情况分为 3 个阶段：酸压完井、上返酸压、转注阶段。

（1）酸压完井。2005 年 11 月酸压完井，2006 年 1 月转抽，日产液 23 t，高含水，间开效果差。2007 年 7 月注水 734 m^3 压锥，关井 13 天，初期有效，日产液 25 t，含水 45% 左右，之后含水快速上升，2007 年 9 月份含水一直在 65%～90% 波动。2008 年 5 月再次注水，注入 2520 m^3，开井后含水在 90% 以上。2009 年 12 月对 TK663 井进行了气举产液剖面测井，测产剖显示 5628 m 以下主产水段；该阶段累计产液 24979 t，产油 7440 t，产水 17539 t。

图 2-63　TK663 井位图（引自西北石油局，2011 年）

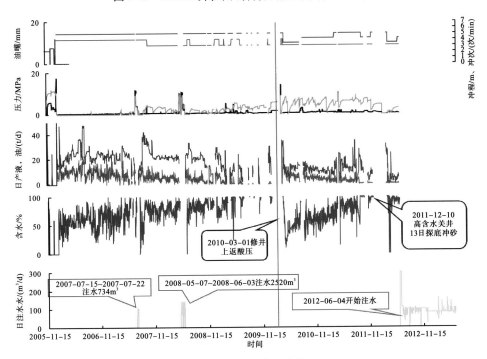

图 2-64　TK663 井生产情况

（2）上返酸压。2010 年 3 月上返酸压，初期 5×3 生产，效果好，日产液 23.2 t，产油 15.2 t，含水 31%，后期液面下降，供液不足，同时含水缓慢上升，间开生产，2011 年 8 月进行试注水，因注水困难停注，仅注水 210 m³ 起压至 14 MPa，效果较差，目前该井日产液 10.3 t，含水 97%，上返酸压期间累计产液 6729 t，产油 2092 t，产水 4636 t。截至该阶段该井累计产液 31119 t，产油 9521 t，产水 21599 t。

（3）转注阶段。2012 年 6 月 5 日开始持续注水，日注水量在 100 m³ 左右，持续注水阶段已累计注水 36729 m³。

2）S80 井生产情况

如图 2-65 所示，S80 井生产情况可以划分为两个生产阶段：自喷生产、机抽生产。

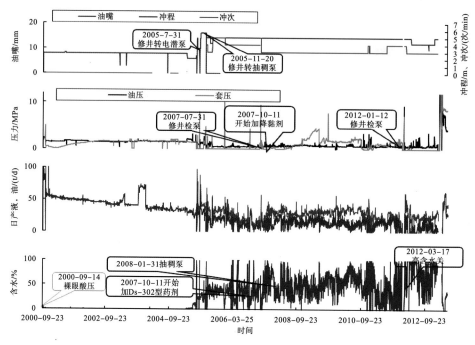

图 2-65　S80 井生产情况

（1）自喷生产。2000 年 9 月建产，初期生产稳定，日产液 61 t，不含水，2005 年 4 月开始连续见水。自喷期间累计产油 78954 t、产液 79169 t、产水 3296 t。

（2）机抽生产。2005 年 8 月停喷转电泵（50～2223.54 m）生产，生产期间含水上升至 25% 左右，日产液维持在 39 t，2005 年 9 月因过载停机换大泵（80/2230）生产，期间日产液 25 t，含水 40%，2005 年 11 月因稠油过载转抽稠泵生产。2006 年 1 月进行掺稀生产，2007 年 10 月掺降粘剂实验，2010 年 12 月掺水降黏，后改化学降黏，日产液 25 t，含水 89%。截至该阶段 S80 井累计产油 119093 t、累计产液 157796 t、累计产水 38697 t。

3）TK626CX 井生产情况

如下图 2-66 所示，TK626CX 井生产情况可以划分为两个生产阶段：自喷生产、机抽生产。

（1）自喷生产。2011 年 1 月气举排液后关井，期间压力呈缓慢上升趋势，9 月静压测试显示井筒全为油，井口压力上升至 8 MPa，进行泄压评价，排液 33 t 全为油，压力落零，后因井口遇阻正注稀油 10m³，关井评价期间压力缓慢上升至 6.8 MPa，再次开井评价，出油 14 t 压力落零。自喷期间累计产液 54 t，产油 47 t，产水 8 t。

（2）机抽生产。转抽期间探底深度为 5566.87 m，钻至 5597.5 m 时井口失返，作业期间累计漏失压井液 196 m³。转抽后出液全为水，初期 5×3 工作制度生产，日产液 30 t，逐步上调工作制度至 5×5，日产液 15.2 t，液面维持在 150 m 左右。截至该阶段累计产油 6280 t、累计产液 5280 t、累计产水 1000 t。

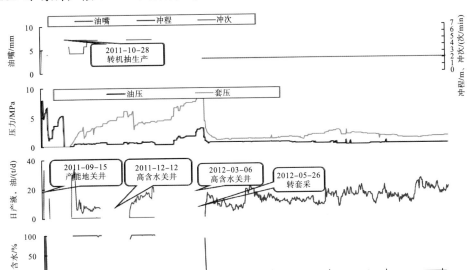

图 2-66　TK626CX 井生产情况

3. TK663 井产液剖面测试

2009 年 12 月，气举测试产剖前累漏失压井液 60 m³，产剖测试结果表明 5628.0～5632.0 m 及 5632.0 m 以下井段为主要出水井段，占全井产液量的 85.6%，5577.0～5584.5 m，5607.0～5620.5 m 井段产水带油(微产)，因漏失压井液影响，对油的产量无法定量(图 2-67)。

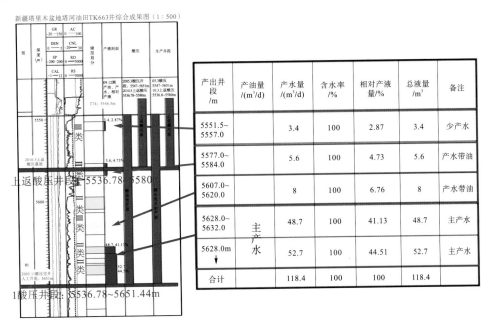

产出井段/m	产油量/(m³/d)	产水量/(m³/d)	含水率/%	相对产液量/%	总液量/m³	备注
5551.5～5557.0		3.4	100	2.87	3.4	少产水
5577.0～5584.0		5.6	100	4.73	5.6	产水带油
5607.0～5620.0		8	100	6.76	8	产水带油
5628.0～5632.0	主产水	48.7	100	41.13	48.7	主产水
5628.0m		52.7	100	44.51	52.7	主产水
合计		118.4	100	100	118.4	

图 2-67　TK663 井产液剖面测试

4. 注采关系分析

TK663 示踪剂测试表明其与临井 TK626CX、TK635H、TK611、S80、TK636H 井均有一定的连通性，从示踪剂测试情况看注水主要向西南推进（表 2-10，图 2-68）。TK636H 井于 2009 年 7 月开始连续注水，TK663 井 2012 年 6 月开始注水，2012 年 10 月开始 TK636H 处于关井状态，所以 TK636H 不参与 TK663 注采响应分析。TK663 与周围连通油井注采关系分析如下，如图 2-69 所示，TK635H 与 TK611 井无响应；S80 与 TK626CX 井响应明显，其中 S80 井发生注入水水窜。具体分析如下：

表 2-10　TK663 井示踪剂测试解释

示踪剂类型	注水井	浓度/%	井号	示踪剂突破时间/d	井距/m	推进速度/(m/d)
BY-3	TK663	100	TK611	31	989.4	31.9
			TK614	—	—	—
			TK626	18	1544.9	85.3
			TK635H	3	698.4	232.8
			TK636H	3	730.2	243.4
			S80	2	994.7	497.3

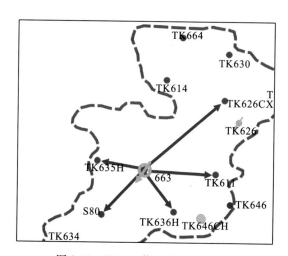

图 2-68　TK663 井示踪剂测试情况

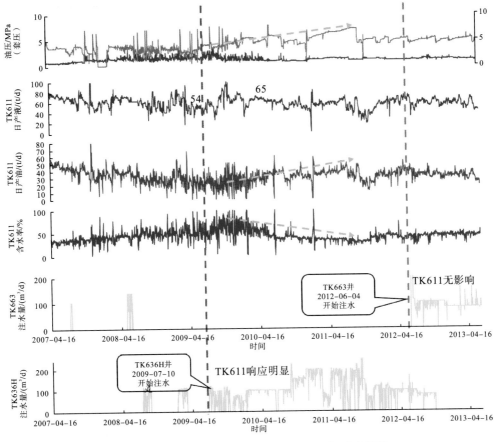

图 2-69 TK663、TK636H(注)-TK611(采)响应情况

TK663、TK636H(注)-TK611(采)井对，TK636H 注水 TK611 响应明显，TK663 注水 TK611 无响应(图 2-70)。TK636H 井于 2009 年 7 月 10 开始连续注水，TK611 井压力迅速响应持续上升，产液水平从注水前 54 m³/d 上升至 65 m³/d，产油在短时间波动上升以后开始稳定上升，上升明显，含水率同样在短暂波动过后开始稳定下降，下降幅度较大。且随后 TK636H 井注水量变化以及后期关井停注 TK611 井生产也具有相应的变化，说明 TK636H-TK611 注采响应明显，具有较好的注采关系。TK663 井于 2012 年 6 月 4 日开始注水，注水后 TK611 油套压、产液、产油并未增加，反而由于 TK636H 井减小注水量而有所降低，TK611 井含水率稳定，未发生变化，所以确定 TK663 井注水 TK611 井无响应。

TK663(注)-TK635H(采)井组，从图 2-70 可以看出 TK635H 井开井生产后产量迅速降低，2004 年 7 月进行修井作业后产油能力恢复，见水后压力快速下降，产油、产液能力大幅降低后期达到高含水，频繁高含水关井。TK663 井于 2012 年 6 月 4 日开始注水，TK635H 油套压、产油、产液、含水率均没有明显变化，认为 TK663 井注水不影响 TK635H 井。

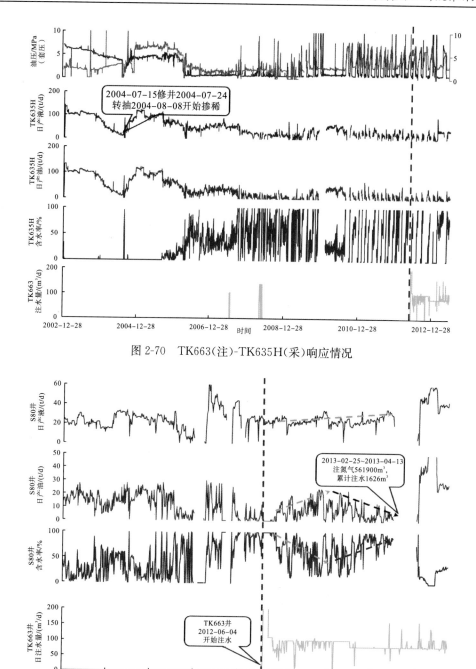

图 2-70 TK663(注)-TK635H(采)响应情况

图 2-71 TK663(注)-S80(采)响应情况

　　TK663(注)-S80(采)井对,从图 2-71 可以看出 TK663 井初期注水速度较大,为平均每天 450 m³,开始注水 31 天后,S80 响应明显,初期含水率明显下降,产油、产液明显增加;随着注水量的增加,S80 井开始出现水窜,含水率明显上升,产油量下降,产液量保持上升趋势。

　　TK663、TK664(注)-S80(采)井对,从图 2-72 可以看出 TK663 井初期注水速度较快,注水量较大,为平均每天 450 m³,在开始注水后 45 天 TK626CX 井产油、产液量明显上升,动态响应明显,随后稳定注水,日注水量在 100 m³ 左右,TK626CX 井产油、产液注水见效稳定。

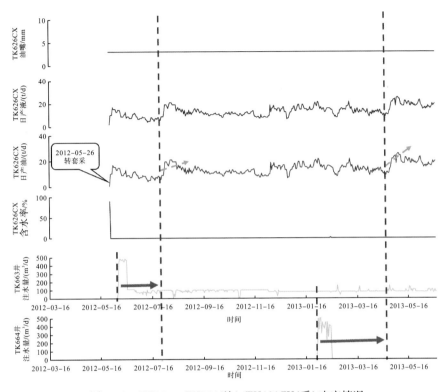

图 2-72　TK663、TK664(注)-TK626CX(采)响应情况

5. 储层特征及井间连通分析

TK663-S80 井对,TK663 井山鹰组顶深 5546.5 m,钻井过程中没有放空漏失,2005年 11 月酸压完井生产,开井即见水,含水上升快,很快达到高含水,产液水平低,综合考虑确定 TK663 钻遇储层为孔缝型。2009 年 12 月产液剖面表明产层段 100% 产水,5628~5651 m 为主要产液段相对产液量 85.6%,说明该井段为高渗段。2010 年 3 月上返酸压施工后,产液能力有所提高,含水率有所下降,但又逐步上升至高含水,2011 年 11月关井探底冲砂无效,于 2012 年 6 月转注。S80 井钻井过程中未发生放空漏失,测井显示裂缝发育,S80 井具有较长无水采油期,产液能力较强,说明 S80 井附近储层油气富集,推测为钻遇裂缝系统沟通附近溶洞系统,属于缝洞型。示踪剂测试表明 TK663-S80明显响应,注采关系分析结果 TK663 注水 S80 水窜,推测是由于上返酸压进一步沟通了储层裂隙系统,进而导致 TK663 注水沿 5551.5~5557 m 和 5577~5580 m 高渗井段向S80 井迅速水窜。分析 5557~5577 m 井段还存在大量油气未被水驱。

TK663-TK626CX 井对,TK626CX 井 2010 年 12 月 8 日完钻,钻井过程中无放空漏失现象,开井生产后产液能力低,含水率高,根据试油层定性标准(SY/T 6293—2008),将本层定为"水层"。原直井累计产油 14.09 万 t,产液 17.7 万 t,且其邻井 TK630 井在深部采油 36.4 万 t，T606 井深部采油 13.8 万 t，说明 TK626 井附近原油富集。TK626CX 井附近储层发育溶洞具有较大的储油能力，综合判断 TK626CX 钻遇储集层为缝洞型。示踪剂显示 TK663-TK626CX 明显响应，注采关系分析结果 TK663 注水 TK626CX 动态响应明显，响应速度快（表 2-11）。图 2-73、图 2-74 分别为 TK663-TK626CX、S80 井组连通分析图和 TK626CX-TK663-S80 注水井组模式图。

表 2-11   井组储集空间类型统计

类型	井号	T74	产层底深/m	产层距 T74/m	地震反射特征	储层类型
注水井	TK663	5546.5	5580	0~33.5	内幕强反射	孔缝型 无放空漏失
注水井	TK636H	5589 斜 5550 垂	6001.7 斜 5588.3 垂	2.24~41 斜 0~38.3 垂	强反射	溶洞型 放空 4.29 m 漏失严重
TK663 注 响应明显	S80	5529	5600	0~71	残丘褶皱强反射	缝洞型 无放空漏失
TK663 注响应明显	TK626CX	5557.5 斜 5505.5 垂	5600 斜 5546.8 垂	0~42.5 斜 0~41.3 垂	残丘内幕串珠	缝洞型 无放空漏失
TK663 注 未响应	TK635H	5593.5 斜 5554 垂	5689.5 斜 5565 垂	23.5~96 斜 3.5~6.5 垂	强反射	缝洞型 无放空漏失
TK636H 注 响应明显	TK611	5502	5535.11	0~33.11	残丘 内幕串珠	溶洞型 放空 2m 漏失 87

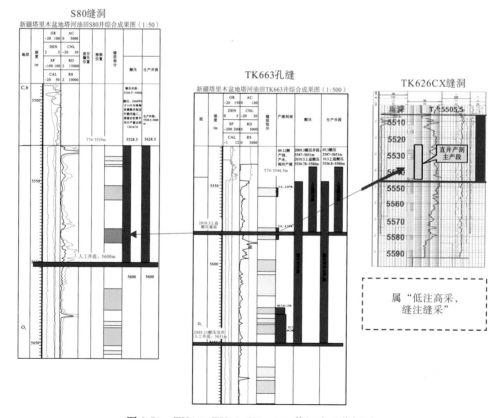

图 2-73   TK663-TK626CX、S80 井组连通分析图

综上所述，绘制 TK663 井组剖面示意图如图 2-74 所示。

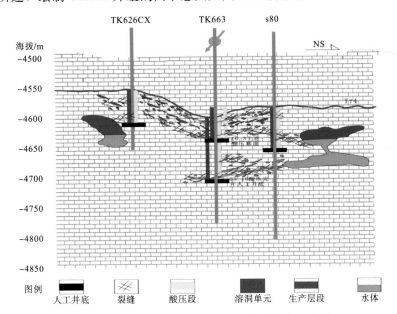

图例

| 人工井底 | 裂缝 | 酸压段 | 溶洞单元 | 生产层段 | 水体 |

图 2-74　TK626CX-TK663-S80 注水井组模式图

推测当油井沟通储层类型为裂缝型储层，周围没有沟通溶洞水体单元与其连通时，水驱方式更加接近传统非活塞水驱。甲型水驱曲线和乙型水驱曲线的拟合直线段是平行的。

2.4.2.2　活塞型水驱井组分析

1. TK7-607 井组基本情况简介

1）TK7-607 井组基础数据

T7-607 井水驱曲线是典型的活塞式水驱曲线。它于 2001 年 7 月 1 日完钻，完钻层位为奥陶系。综合解释产层段为溶洞型储集层。

TK716 井是 T7-607 的一口邻井。2003 年 4 月 17 日完钻，层位为奥陶系。综合解释产层段为缝洞型储集层。

TK713 井是 T7-607 的一口邻井。2003 年 4 月 2 日完钻，完钻井深 5730 m，完钻层位奥陶系（$O_{1-2}y$）。测井解释产层段为缝洞型储集层。

TK713 井所处构造位置较低，开井即见水，钻遇缝洞储层未与大的缝洞储集体沟通，产油、产源能力低。而其邻井 T7-607 井、TK715 井、TK716 井所处构造位置较高均有一定时间的无水采油期，产油、产液能力大（图 2-75）。

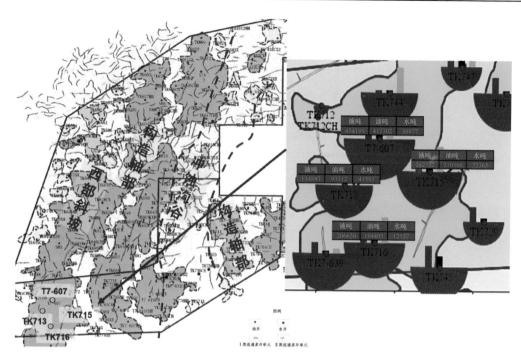

图 2-75　TK713 井位图(引自西北石油局，2011 年)

2)生产情况

(1)TK713 井生产情况。如图 2-76 所示，TK713 井生产情况分为 3 个阶段:自喷生产、管式泵机抽生产、转注阶段。①自喷生产。生产井口压力与产液均呈缓慢下降趋势，为对油井进行提液，2004 年 9 月进行转抽生产，自喷生产期间累计产液 18694 t，产油 16157 t，产水 2537 t。②管式泵机抽生产。生产期间初期日产液稳定，含水在 20% 波动变化，自 2007 年 10 月初开始油井含水呈现快速上升趋势，截至该阶段该井累计产液 134897 t，产油 93312 t，产水 90131 t。③转注阶段。2010 年 6 月 13 日开始持续注水，开始日注水量在 150 m³ 左右，2012 年开始日注水量在 100 m³ 左右，持续注水阶段截至 2013 年 6 月已累计注水 111622 m³。

(2)T7-607 井生产情况。如图 2-77 所示，T7-607 井于 2001 年 7 月 6 日常规完井，投产初期日液 320 t/d，不含水，2004 年 10 月因油管堵上修更换管柱，2008 年 5 月见水，含水缓慢上升至 40% 左右，目前由于注水影响，发生了水窜。截至目前累计产液 454189 t、产油 417302 t、产水 36887 t。

(3)TK716 井生产情况。如图 2-78 所示，TK716 井于 2003 年 5 月 14 日投产，初期 5 mm 油嘴，日产油 125 t 左右，不含水，2008 年 6 月因油管堵塞更换管柱，探底 5553.52 m，处理井筒至 5573.90 m，7 月停喷转抽(CYB-56TH×2411.71 m)，堵水前累计产液 18.89 万 t，产油 18.3 万 t，产水 0.59 万 t。2009 年 3 月堵水，探底 5573 m，打水泥塞探底 5548.22 m，酸化，堵水后初期日液 30 t，含水 10%，地层供液能力差，9 月加深泵挂 2423～3015 m，仍供液不足，2010 年 5 月组下侧流减载泵(38/32×5315 m)，6 月上修检泵，期间探底 5550.21 m(堵水后塞面 5548.22 m)，组下 Φ32 mm 双层泵完井，泵挂 5312.27 m。12 月因抽油杆断检泵(CYB-38TH×2995.54 m)。2011 年 9 月酸化层段

5517.77~5544.46 m，酸化后含水率快速上升。截至该阶段，该井累计产液 206650 t、产油 194493 t、产水 12157 t。

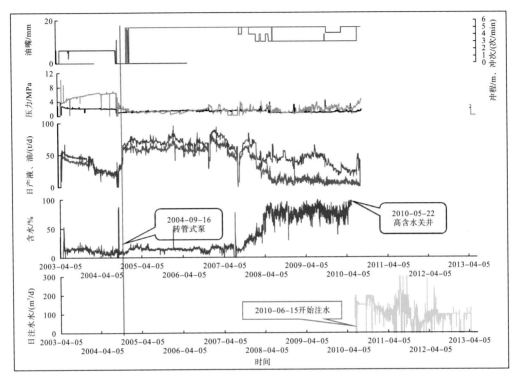

图 2-76　TK713 井生产情况

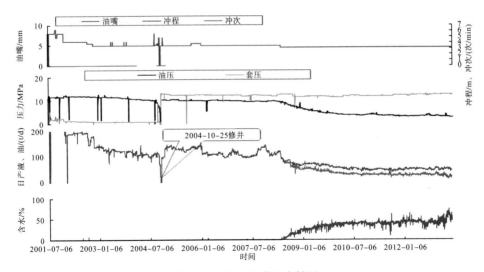

图 2-77　T7-607 井生产情况

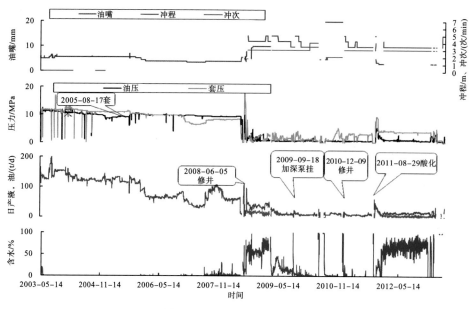

图 2-78　TK716 井生产情况

3）产液剖面测试

（1）TK713 井：如图 2-79，2007 年 7 月 9 日 TK713 井产剖测试结果表明 5595～5600 m 段产液，占全井总液量的 100%，5571.5～5595.0 m 及 5602.0 m 以下井段无产液。

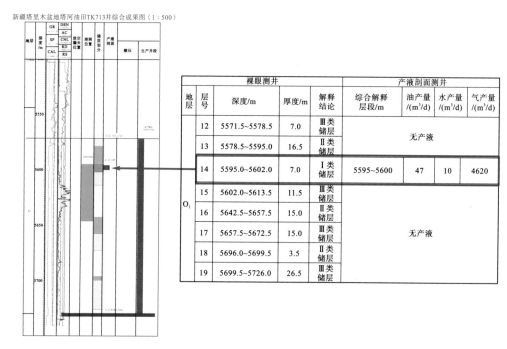

图 2-79　TK713 井产液剖面测试

（2）T7-607 井：如图 2-80，2008 年 11 月 3 日 T7-607 井产剖测试结果表明 5585～5598 m 段产液，占全井总液量的 100%。其中以产油为主，占 84.7%，并且该段有放空漏失。

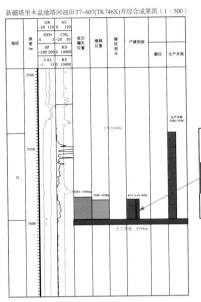

新疆塔里木盆地塔河油田T7-607(TK746X)井综合成果图（1：500）

2008年11月3日产液剖面解释表

产液层段/m	日产液 /(m³/d)	日产油 /(m³/d)	日产水 /(m³/d)	相对产液量 /%
5585	81.47	69.04	12.43	100
计	81.47	69.04	12.43	100

放空漏失段：5583~5598.15m

图 2-80　T7-607 井产液剖面测试

(3)TK716 井：如图 2-81，2008 年 6 月 29 日 TK716 井产剖测试结果表明 5529～5540 m 段为主要产液段，占全井总液量的 60.5%，且以产油为主，占 65%。5556 m 以下产液量占 39.5%，为次要产液段，产油量占 34.1%。

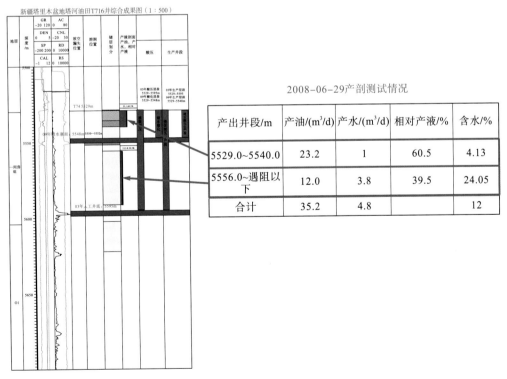

新疆塔里木盆地塔河油田T716井综合成果图（1：500）

2008-06-29产剖测试情况

产出井段/m	产油/(m³/d)	产水/(m³/d)	相对产液/%	含水/%
5529.0~5540.0	23.2	1	60.5	4.13
5556.0~遇阻以下	12.0	3.8	39.5	24.05
合计	35.2	4.8		12

图 2-81　TK716 井产液剖面测试

4）注采关系分析

如图 2-82 所示，TK713 示踪剂测试表明其与邻井 TK744 井、TK772 井、TK715 井、T7-607井、TK716 井均有一定的连通性。TK713 井于 2010 年 6 月 13 日开始连续注水，与周围连通油井注采关系分析如图 2-82 所示，TK744 井、TK772 井、TK715 井以及 TK716 井无响应；T7-607 井响应明显，且发生注入水水窜。具体分析如表 2-12 所示。

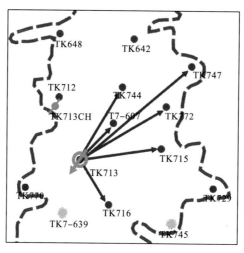

图 2-82　TK713 井示踪剂测试情况

表 2-12　TK713 井示踪剂测试

示踪剂类型	注水井	浓度/%	井号	示踪剂突破时间/d	井距/m	推进速度/(m/d)
BY-1	TK713	100	TK716	5	797.8	159.6
			TK715	7	1149.3	164.2
			T7-607	10	676.1	67.6
			TK747	5	1967.4	393.5
			TK744	9	1183.2	131.5
			TK772	39	1390.8	35.7
			TK770	全程关井		

TK712CH、TK713（注）-T7-607（采）井组，如图 2-83 所示，TK713 井于 2010 年 7 月 10 日开始连续注水，T7-607 井压力响应持续上升，产液、产油小幅度稳定上升，含水率稳定下降，下降幅度较小。随后 TK712CH 井于 2011 年 8 月开始注水，T7-607 井经过小幅波动后产液、产油小幅上升，含水下降，说明 TK713 井、TK712CH 井与 T7-607 注采响应明显，具有较好的注采关系。由于两口注水井的连续注水，T7-607 井于 2012 年 11 月开始产油迅速下降、油压降低，含水率快速上升、产液上升，发生水窜。

通过查看 TK716 井生产情况分析原因，TK716 井于 2011 年 8 月 29 日至 9 月 26 日间对 TK716 井进行上修酸化，期间探底 5522.49 m，比原塞面 5548.22 m 高 25.73 m，钻冲至 5544.46 m，修井漏失压井液 399.8m³，2011 年 9 月 17 日对井段 5517.77～5544.46 m 酸化。开井生产后油压、套压明显上升，产液量增大，产油量减小，含水率快速上升。综合分析重新钻冲和酸化后沟通了高渗通道，导致注入水突破，发生注入水水窜。

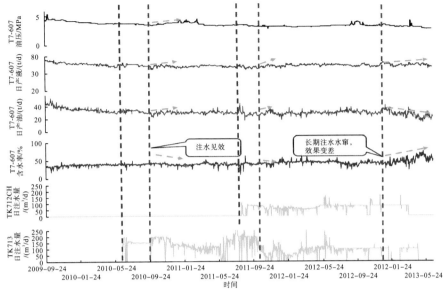

图 2-83　TK712CH、TK713(注)-T7-607(采)响应情况

5)储层特征及井间连通分析

根据下表 2-13 所示，TK713-T7-607 井对，TK713 井奥陶系顶深 5571.5 m，钻井过程中没有放空，漏失 163.5 m³，地震显示为内幕串珠状反射，2003 年 4 月常规完井生产，开井即见水，含水上升缓慢，有很长的低含水采油期，产液水平低，综合考虑确定TK713 井钻遇储层为缝洞型。2007 年 7 月产液剖面表明产层段 5595～5600 m 产液100%，其他层段无产液。2010 年 6 月吸液剖面表明 5586～5602 m 相对吸液量为 88%，说明该井 5595～5600 m 段为高渗段，也是目前唯一产出段。T7-607 井钻井过程中未发生放空，漏失 227 m³，地震显示为杂乱强反射。T7-607 井具有 7 年的无水采油期，产液能力较强，说明 T7-607 附近储层油气富集，推测为钻遇裂缝系统沟通附近溶洞系统，属于溶洞型。示踪剂测试表明 TK713-T7-607 明显响应，注采关系分析结果 TK713 注水T7-607 水窜，分析 T7-607 井 5586～5598 m 井段还存在大量油气未被水驱。

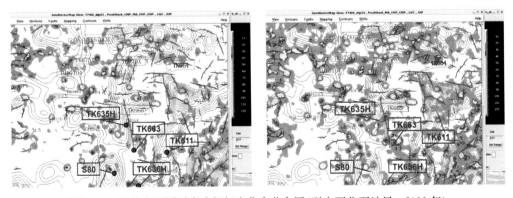

图 2-84　油井在不同时窗内振幅变化率分布图(引自西北石油局，2011 年)

(由左至右：0～20 ms，B：20～40 ms)

TK713-TK716 井对，TK716 井 2003 年 4 月 17 日完钻，钻井过程中无放空漏失现象，说明该井未钻遇溶洞，而地震显示内幕审珠状反射，具有 5 年的无水采油期，产液能力较强，说明其附近储层油气富集，井附近有大型溶洞。综合判断 TK716 井钻遇储集层为缝洞型。示踪剂显示 TK713-TK716 明显响应，注采关系分析结果 TK713 注水 TK716 酸化后动态响应明显，响应速度快。

表 2-13　井组储集空间类型统计

类型	井号	T74/m	产层底深/m	产层距 T74/m	地震反射特征	储层类型
注水井	TK713	5571.5	5730	24~29	内幕串珠状反射	缝洞型无放空漏失 163.5
TK713 注响应明显	T7-607	5540	5598	43~58	杂乱强反射	溶洞型无放空漏失 227
TK713 注响应明显	TK716	5529	5448	0~19	内幕串珠状反射	缝洞型无放空漏失
TK713 注未明显	TK715	5543	5579.98	0~136.18	内幕串珠状反射	溶洞型无放空漏失 38
TK713 注未响应	TK744	5558	5570.4	0~12.4	内幕串珠状反射	溶洞型放空 7.2 漏失 126
TK713 注未明显	TK772	5557.5	5600	0~24.5	内幕串珠状反射	裂缝型无放空漏失

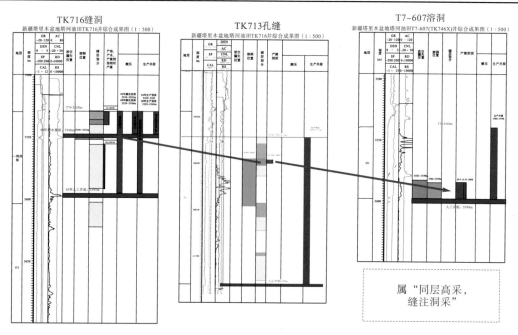

图 2-85　TK713、TK716、T7-607 井组连通分析图

综上所述，TK713 井、TK716 井、T7-607 井组连通分析图如图 2-85 所示，绘制 T7-607 井组剖面示意图如图 2-86 所示。

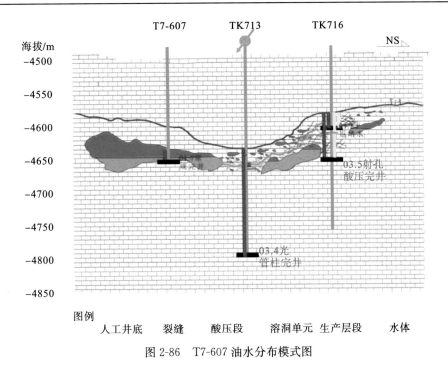

图例
人工井底　　裂缝　　酸压段　　溶洞单元　生产层段　　水体

图 2-86　T7-607 油水分布模式图

推测单储层沟通溶洞单元，水体来源单一，井间干扰较小，水驱稳定时例如边底水水驱，水驱规律呈现为活塞驱。

2.4.2.3　过渡型水驱井组分析

TK642 井对基本情况简介

1. TK642 井对基础数据

TK642 井是一口典型的过渡型水驱式井，2003 年 1 月 29 日完钻，完钻层位：$O_{1-2}y$。TK642 井地震反射为表层弱-内幕串珠状反射，综合解释为钻遇溶洞型储层。

TK634 井是 TK642 的一口邻井，2003 年 4 月 27 日完钻，完钻层位：O_1。综合解释生产层段为缝洞型储集层。

TK648 井是 TK642 的一口邻井，2002 年 4 月 29 日完钻，完钻层位：O_1。综合解释生产层段为溶洞型储集层。

TK642 井所处构造位置相对其邻井较低，从图 2-87 可以看出。

2. 生产情况

1）TK642 井生产情况

TK642 井：常规完井：5543.16~5747.51 m，2003 年 1 月 29 日完钻后掺稀自喷生产，初期日产油 150 t 不含水，两天后油井见水，见水后含水在 75% 上下较大幅度波动，期间日均产油低于 10 t，因掺稀生产效果差，2003 年 8 月对油井进行转抽生产，转抽后油井含水98% 以上，进行关井压锥间开生产无效。后于 2004 年 8 月进行上返酸压，截至上返酸压前

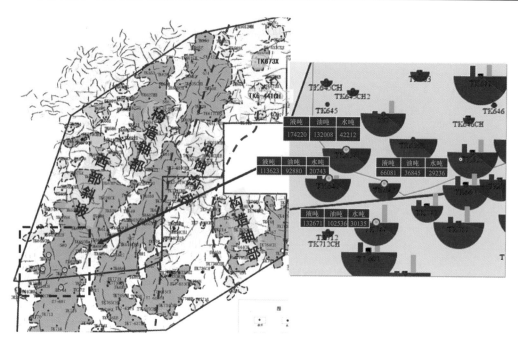

图 2-87　TK642 井位图(引自西北石油局，2011 年)

该井累计产液 7564 m³，产油 3377 t，产水 4187 m³。因油井高含水，2003 年 7 月 17 日对该井进行生产测井，测试结论：漏失井段为本井主产层段，且主产水。

上返酸压后，2004 年 8 月 3 日对该井 5543～5610 m 井段进行酸压，注入井筒总液量 533 m³，挤入地层总液量 533 m³，最高泵压 71.8 MPa，最大施工排量 5.8 m³/min，根据酸压施工曲线分析，酸压过程中有沟通储集体显示，开井自喷排液 41 m³ 后见油，排液 60 m³ 后井口取样不见明水，酸压测试结论为油层。上返酸压后自喷生产，初期 5 mm 油嘴控制，日均产油 120 t 不含水，2004 年 11 月油井见水后调整为 4 mm 油嘴控制生产，期间井口压力、产液缓慢下降，含水上升至 40% 左右趋于稳定，2006 年 6 月对油井转机抽进行提液，转抽含水呈明显上升趋势，井口液量稳定在 40 t，2006 年 10 月开始关井压锥间开生产，开井后油井高含水，压锥效果差。上返酸压后累计产液 51785 t，产油 32710 t，产水 19075 t。2008 年 2 月 29 日～2008 年 3 月 25 日对 C1kl5284～5288 m 转层测试，2008 年 6 月 20 日因石炭系高含水回采奥陶，对 5284～5288 m 挤堵后再钻塞至 5580.02 m，2009 年 4 月 19 日开始试注一段时间，于 2010 年 6 月 14 日正式转为注水井(如图 2-88 所示)。

2)TK634 井生产情况

如图 2-89 所示，TK634 井生产情况划分为四个阶段：自喷、转抽、堵水酸化、注水压锥。

(1)自喷生产：2002 年 5 月 24 日～2007 年 5 月 24 日初期 6 mm 油嘴，油压 10 MPa，日产液 162 t，不含水。2002 年 11 月 27 日见水后缩为 5 mm 油嘴生产，12 月 28 日开始持续含水，无水采油期 218d，无水采油 33432 t。生产至 2007 年 5 月 24 日停喷。自喷期间累计产液 129296 t，产油 117294 t，产水 12002 t。

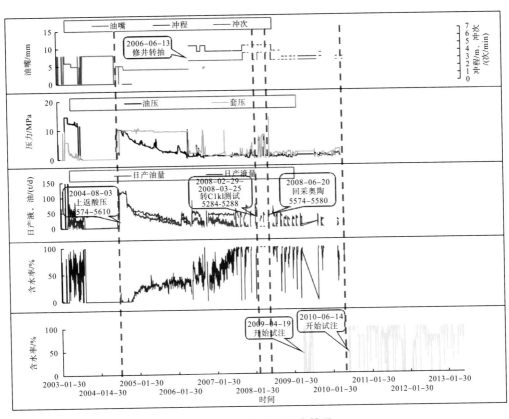

图 2-88　TK642 井生产情况

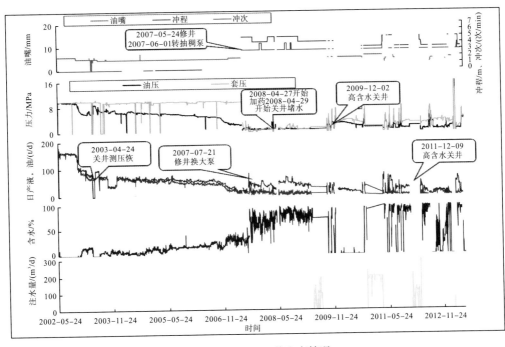

图 2-89　TK634 井生产情况

（2）转抽：2007 年 5 月 25 日～2008 年 4 月 29 日转抽（CYB-38/56TH/1700 m），转抽

后含水 30% 左右，较稳定，初期日产液 25 t，由于泵故障(凡尔漏失)产液逐渐下降，洗井未达到效果，2007 年 7 月 26 日～2007 年 7 月 29 日换大泵(CYB-70/44TH/1706 m)，换大泵后初期日产液 50 t 左右，含水大幅上升，达到 75%，后期含水有波动，但含水总体上较高(50%～85%)，转抽后累计产液 11581 t，产油 4200 t，产水 7381 t。

(3)堵水酸化：2008 年 4 月 30 日～2009 年 4 月 17 日水泥堵水，期间硬探井底深度 5596.23 m，钻塞冲砂至 5613.2 m 挤入比重 1.85 的水泥浆 20 m³，复探 5506.15 m，扫塞至 5595 m，酸化气举排液 79.5 m³(油 15 m³)未能达到诱喷目的下机抽管柱完井。堵水后生产含水在 80% 左右波动，日产液 49 t，日产油 8 t，堵水效果较差。

(4)注水压锥：2009 年 4 月 18 日进行第一轮次注水压锥，前期压锥效果好，而后生产高含水。该井累计注水 3 轮次，累计注入 39726 m³，注水期间累计产油 5597 t，产水 6222 t；该井截至该阶段累产液 174220 t，累产油 132007 t，累产水 105526 t。

3)TK648 井生产情况

如图 2-90 所示，TK648 井生产情况划分为三个阶段：奥陶系生产、石炭系生产、钻塞合采。

(1)奥陶系生产。自喷生产(2003 年 5 月 2 日～2004 年 10 月 4 日)：累产液 55014 t，产油 53905 t，产水 1109 t。电泵生产(2004 年 10 月 17 日～2007 年 7 月 26 日)：累产液 24075 t，产油 10889 t，产水 13185 t。奥陶系：注水(2005 年 6 月 25 日～2007 年 7 月 25 日注水压锥，5 轮注水 2589 m³)后累产液 10832 t，产油 4047 t，产水 6784 t。奥陶系生产累产液 79196 t，产油 64799 t，产水 14397 t。

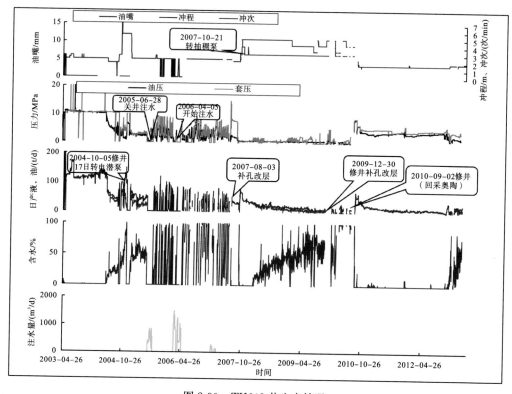

图 2-90　TK648 井生产情况

(2)石炭系生产。自喷生产(2007 年 8 月 18 日~2007 年 10 月 21 日)：累产液 2008 t，产油 1970 t，产水 38 t，初期 4.5 mm 油嘴，油压 2.7 MPa，日产液 36.6 t，不含水，2007 年 10 月 21 日停喷转抽。机抽生产(2007 年 10 月 28 日~2009 年 12 月 30 日)：累产液 16861 t，产油 12291 t，产水 4570 t。C1kl5299~5303 m 井段：累产液 18831 t，产油 14224 t，产水 4608 t。

(3)钻塞合采。2010 年 5 月 8 日对 C1kl5012~5016 m、5297~5301 m 井段钻塞合采，射孔层位：5012~5016 m、5297~5301 m。2010 年 5 月 9 日以 5×3 启抽(CYB-56/38TH×2800 m)，初期日产液 19 t，全是水，下调工作制度、间开无效，而后日产液 11 t，含水 99%。钻塞合采后累产液 791 t，产油 8 t，产水 783 t。截至该阶段该井累计产液 113623 t、产油 92879 t。

3.　产液剖面测试

(1)TK642 井：因油井高含水，2003 年 7 月 17 日对该井进行生产测井，测试结论：漏失井段为本井主产层段，且主产水。由 2004 年 11 月 1 日产液剖面测试可以看出油井产纯油，5583~5596 m 日产 71.9 m³ 为主产层段；2006 年 11 月 13 日产液剖面测试结果表明 5590 m 以下产层日产液 58.6 m³，可以看出该层段产液能力高，测井解释 5589.5~5601 m 为二类储层，综合判断上返酸压后 5589.5~5601 m 为该井主要产层段，渗透性好。TK642 井产液剖面测试情况如图 2-91 所示。

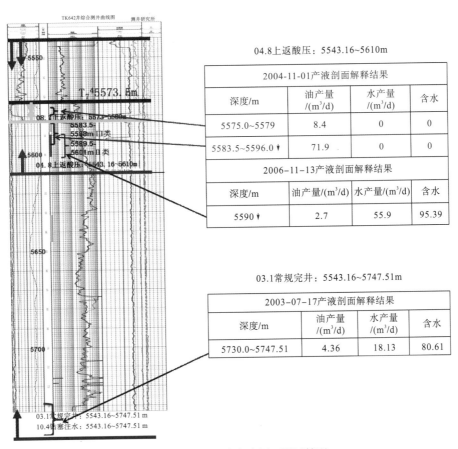

图 2-91　TK642 井产液剖面测试情况

(2)TK634 井：2002 年 6 月 9 日对该井进行产液剖面测试，看出 5587.3～5590 m 日产液 115.5 m³，占相对液量的 74.2%，为主产层段。2003 年 2 月 16 日产液剖面测试结果表明 5588～5597 m 为主产层段，产液 77.2 m³，占相对液量的 84.4%。2008 年 3 月 31 日产液剖面测试结果表明，5605 m 以下产液量为 24.7 m³，占相对产液量的 100%，其中含水占 85.4%。综合表明 5588～5597 m 储集空间的渗透性比较好。TK634 井产液剖面测试情况如图 2-92 所示。

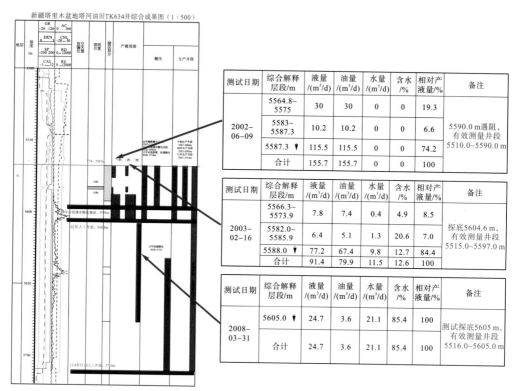

图 2-92　TK634 井产液剖面测试情况

4. 注采关系分析

TK642 未进行示踪剂测试，TK648 井于 2007 年 8 月进行的示踪剂测试表明 TK648 井与 TK642 井连通性较好，而取样阶段 TK634 与 TK744 两口井不产水，TK712 处于关井状态，所以不能用示踪剂判断其与 TK642 井的连通性。TK634 井于 2009 年 4 月进行示踪剂测试，而 2009 年 4 月 TK642 井正试注，而 TK648 井已改石炭系生产，均为能进行示踪剂分析，不能用示踪剂测试判断井间连通性。注水动态分析结果表明 TK642 井注水 TK634 井与 TK648 井水窜，TK642 井注水没有影响 TK744 井和 TK747 井。具体分析如表 2-14 所示，TK648 井示踪剂测试情况如图 2-93 所示。图 2-94 为 TK642(注)-TK634(采)井组注采响应。

表 2-14　TK648 井示踪剂测试

示踪剂类型	注水井	浓度/%	井号	示踪剂突破时间/d	井距/m	推进速度/(m/d)
BY-1	TK648	100	TK642	112	725	6.5
			TK712	关井		
			TK744	无水		
			TK634	无水		

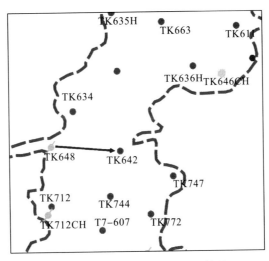

图 2-93　TK648 井示踪剂测试情况

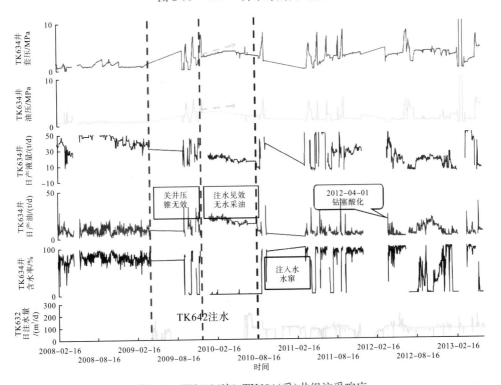

图 2-94　TK642(注)-TK634(采)井组注采响应

　　TK642(注)-TK634(采)井对，从图 2-95 可以看出 TK642 于 2009 年 4 月 19 日至 2009 年 7 月 12 日之间进行了试注，注水之前 TK634 井生产稳定含水率较高，在 84% 左右，随后进行了较长时间的关井压锥，但开井后含水率仍然较高，频繁地因高含水而关井，2010 年 1 月 11 日开始，TK642 井注水开始见效，TK634 井油套压明显上升，产油量增加，此时油井转为无水采油。2010 年 6 月 14 日 TK642 井钻塞至原井底 5747.51m 作为单元注水井开始持续注水，2010 年 9 月 4 日注入水水窜，TK634 井再次转为高含水。此后驱油效果变差，TK634 井油压套压均有明显上升，产液量也有所增加，但含水率始终处于高含水。综合判断 TK642 井注水 TK634 井发生注入水水窜，推测 TK642 井漏失段形成的高渗通道导致注入水水窜。

　　TK642(注)-TK648(采)井对，TK642 井 2010 年 9 月 2 日开始转层，回采奥陶系，开采初期处于无水采油期产量快速递减。TK648 井开始注水后 63 天注水见效，TK642 井产量递减明显减缓，2013 年 1 月 15 日将油嘴从 3.5 mm 增加至 4 mm，产液量、产油量大幅增大后快速减小，含水率快速上升，这是由于放大工作制度导致注入水水窜导致。

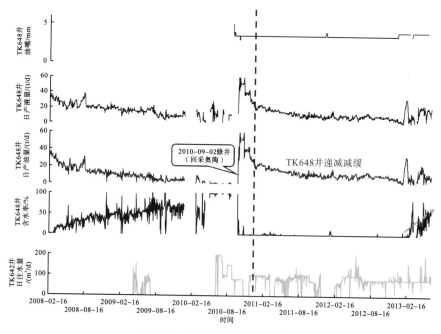

图 2-95　TK642 注水 TK648 水窜

　　TK642(注)-TK747(采)井对，从图 2-96 可以看出 2009 年 4 月 22 日转管式泵之前，TK747 井生产稳定，产油、产液、油压套压都趋于稳定状态。转抽后初期由于工作制度过大含水快速上升，套压骤降，调节工作制度后经多次关井压锥，TK747 井生产情况恢复稳定状态，可以看出 TK642 井两次注水对 TK747 井均没有影响。

　　TK642(注)-TK747(采)井对，从图 2-97 可以看出 TK642 井 2009 年 2 月 16 日由自喷转为管式泵开采，含水率急剧上升，5 月 12 日修井作业无效，8 月 29 日堵水后开井生产，可以看出含水率有所下降，但是堵水效果不是很好。2012 年 4 月 13 日堵水无效，直到 2013 年 2 月 18 日注氮气后开井生产，可以看出产液量、产油量大幅上升，含水率大幅下降，注气效果明显。整个生产过程中 TK642 井进行了两次注水，可以从图中看出 TK642 井注水对 TK744 井生产没有影响。

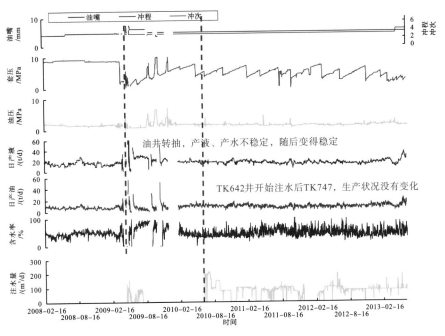

图 2-96　TK642 注水 TK747 无响应

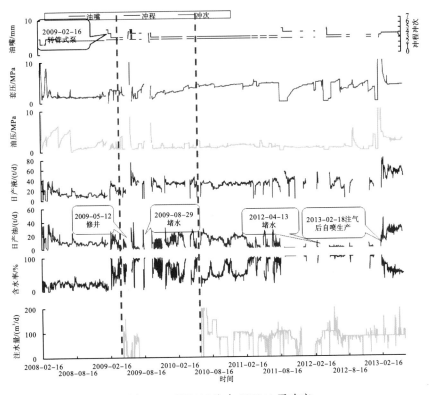

图 2-97　TK642 注水 TK744 无响应

5. 储层特征及井间连通分析

TK642 注采井组奥陶系顶面埋深 5556～5573.5 m，处于塔河油田牧场北。综合地震、钻井、生产等动静态资料分析，认为 TK634、TK642、TK648、TK744、TK747 井为溶洞型储层。从图 2-98 可以看出 TK642 注采井组所处位置储层发育。TK642-TK634 注采井对，TK642 井钻至 5737.75 m 时发生井漏，共漏失泥浆 258 m³。2003 年 1 月 29 日三开钻至 5737.75 m 时发生井漏，至当日 24:00 共漏失泥浆（密度：1.11 g/cm³，T：46-48S）271.2 m³，平均漏速 17.21 m³/h。井口只进不出，强钻至 5747.51 m，共漏失密度为 1.10 g/cm³ 的泥浆 258 m³。TK642 井地震反射为表层弱－内幕串珠状反射，综合解释为钻遇溶洞型储层。TK634 井在钻进过程中无放空漏失，地层显示为残丘构造，整体串珠状反射，TK634 井具有半年无水采油期，见水后产液能力大幅降低，含水率缓慢上升，综合判断 TK634 钻遇溶洞型储层。TK642 井于 2009 年 4 月 19 日至 2009 年 7 月 12 日进行了试注，注水井段 5573.5～5580.02 m，注水之前 TK634 井生产稳定生产井段 5567～5595 m，含水率较高，在 84% 左右，随后进行了较长时间的关井压锥，但开井后含水率仍然较高，频繁因高含水而关井，2010 年 1 月 11 日开始 TK642 井注水开始见效，TK634 井油套压明显上升，产油量增加，此时油井转为无水采油。TK642 井 2010 年 6 月 14 日钻塞至原井底 5747.51 m 作为单元注水井开始持续注水，2010 年 9 月 4 日注入水水窜，TK634 井再次转为高含水。此后驱油效果变差，TK634 井油压套压均有明显上升，产液量也有所增加，但含水率始终处于高含水。

TK642-TK648 注采井对，TK648 井在钻进过程中发生了三次放空情况：①放空井段：5564.88～5567.50 m，厚度：2.62 m，钻时：30 min/m，共计漏失 77.6 m³；②放空井段：5576.70～5578.86 m，厚度：2.16 m，累计漏失 124.4 m³；③放空井段：5580.73～5583.00 m，厚度：2.27 m，累计漏失 133.4 m³。TK648 井放空漏失情况严重，地震显示为残丘构造，整体窜珠状反射，综合判断 TK648 钻遇溶洞型储层。TK648 井于 2010 年 9 月 2 日修井回采奥陶系开井生产，生产层段：5566～5608 m，无水采油，但产量下降较快，TK642 井注水见效 TK648 井递减变缓。TK642（注)-TK648、TK634（采)注采连通分析图如图 2-99 所示。表 2-15 为井组储集空间类型统计。

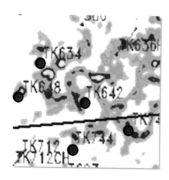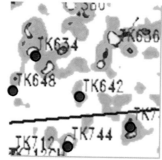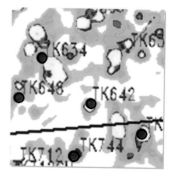

图 2-98　油井在不同时窗内振幅变化率分布图(引自西北石油局，2011 年)

(由左至右：0～20 ms，20～40 ms，40～60 ms)

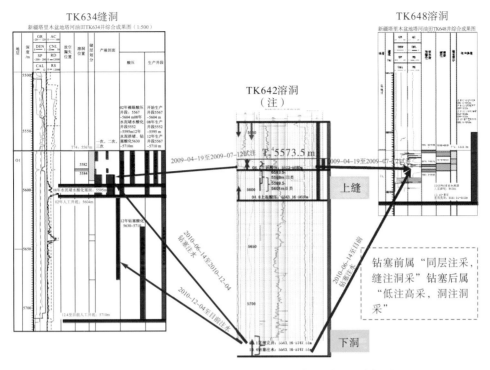

图 2-99　TK642(注)-TK648、TK634(采)注采连通分析图

表 2-15　井组储集空间类型统计

井号	类型	T74/m	该阶段产层底深/m	产层距 T74/m	地震反射特征	生产特征	储层类型
TK642	注水井	5573.5	5748	0~174	内幕串珠反射	开井见水暴型水淹	溶洞型漏失 258
TK634	TK642 注响应明显	5567	5710	0~143	残丘整体串珠状	有无水采油期初期产能大	缝洞型无放空漏失
TK648	TK642 注响应明显	5565.5	5608.01	0~42.51	残丘整体串珠状	无水采油 1 年初期产能大递减慢	溶洞型多次放空漏失 712
TK744	TK642 注未响应	5558	5610.21	0~52.21	残丘内幕串珠状	无水采油 1 年初期产能大递减慢	溶洞型放空 8.2 m漏失 126
TK747	TK642 注未响应	5556	5567.95	0~11.95	内幕串珠状	开井产能高见水产量大幅减小	溶洞型放空 2.8 m漏失 110

　　截至 2013 年 6 月，TK642 井所处构造位置相对其邻井较低，TK642 井累计产液 6.6 万 t，产油 3.7 万 t，产水 2.9 万 t；TK634 井累计产液 17.4 万 t，产油 13.2 万 t，产水 4.2 万 t；TK648 井累计产液 11.4 万 t，产油 9.3 万 t，产水 2.1 万 t；TK744 井累计产液 13.3 万 t，产油 10.3 万 t，产水 3.0 万 t；TK642 井产液能力小，累产液，累产油与邻井比较相对较低；说明 TK642 井附近构造相对较高的储层油气聚集。综上所述绘制 TK663 井组剖面示意图如图 2-100 所示。

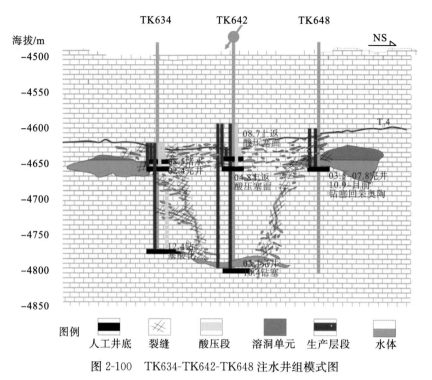

图 2-100　TK634-TK642-TK648 注水井组模式图

推测单井沟通储层有溶洞条件下，多套水体来源，井间干扰严重，例如两套或者多套洞缝系统产水，或者水驱不稳定、注水水驱时，水驱规律呈现为过渡型水驱。

第3章 塔河缝洞型碳酸盐岩油藏油水分布模式研究

3.1 塔河缝洞型碳酸盐岩油藏的地质开发特殊性

塔河油田位于新疆维吾尔自治区轮台县与库车县交界处，地处塔里木盆地塔克拉玛干沙漠北缘，构造位置属于塔里木盆地沙雅隆起阿克库勒凸起中南端，西邻哈拉哈塘凹陷，东靠草湖凹陷，南接满加尔凹陷和顺托果勒隆起，北为雅克拉凸起阿克库勒凸起是下古生界奥陶系碳酸盐岩大型褶皱－侵蚀型潜山，潜山四周倾伏呈背斜形态，闭合幅度达 800 m。

3.1.1 油藏地质特征

根据钻井揭示阿克库勒凸起为前震旦系变质岩基底上发育的一个长期发展的古凸起，发育震旦至泥盆系海相沉积，石炭系至二叠系海陆交互相沉积，三叠系至第四系陆相沉积。目前钻探揭示凸起主体部位及南部斜坡区发育奥陶系下统、中上统、志留系、石炭系下统、二叠系、三叠系、侏罗系下统、白垩系、第三系、第四系。受海西早期、海西晚期和燕山早期构造运动影响，大部分地区缺失志留系、泥盆系、石炭系上统、侏罗系上统，另外奥陶系中－上统与奥陶下统也遭受不同程度剥蚀(图 3-1)。

现就主要的油层段地层特征进行说明：

下奥陶统蓬莱坝组(O_1p)：与下伏寒武系地层呈平行不整合接触。主要为台地－台缘相的浅灰色白云质灰岩、灰质白云岩。

中下奥陶统鹰山组($O_{1-2}y$)：与上覆、下伏层整合接触。基本为一套开阔台地相的台内浅滩与滩间海间互的沉积特征，以泥微晶灰岩、颗粒泥微晶灰岩、亮晶颗粒灰岩和泥微晶颗粒灰岩等 4 类岩石为主，剖面上呈互层变化，但是不同层段各类岩性具有一定的优势，按照岩石类型及岩性组合特征纵向上也可以划分出 5 个岩性段，自上而下分别为：

第 5 段：以亮晶砂屑灰岩或微晶砂屑灰岩为主的层段，称"上颗粒灰岩段"，在塔河油田北侧顶部层位不全，揭示厚度上差异较大。在沙 69、沙 70、T301 等井顶部层位发育，厚度 40~60 m。

第 4 段：以微晶灰岩为主的层段，称"上微晶灰岩段"，4、6 区块大部分井均揭示，厚度约 30~80 m。

年代地层				年龄/Ma	岩石地层	生物地层	层序地层
系	统	国际方案阶	中国南方阶				
石炭	C₁b₁				巴楚组		三级层序
泥盆	D				东河塘组	盾皮鱼	
志留系	S₁	兰多维列阶	龙马溪阶			各种藻	
奥陶系	O₃	阿什极尔阶	五峰阶	436	桑塔木组（O₃S）	牙形刺化石带（据王君奇，2000）14.*Aphelognathus pyramiddlis*13.*Yaoxianognathus yaoxianensis*12.*Belodina conf luens*11.*Belodina compressa*	SQ14SQ13SQ12
			临湘阶	441			SQ11
		卡拉道克阶	宝塔阶	448	良里塔格组（O₃l）		SQ10
			庙坡阶	459	恰尔巴克组（O₃q）	10.*Pygodus anserinus*	SQ9SQ8
	O₂	达瑞威尔阶(浙江阶)(兰代洛阶)	牯牛潭阶	472	一间房组（O₂yj）	9.*Pygodus serrus*8.*Eoplacognathus secicus*7.*Amorphognathus variabilis*	SQ7
		大湾阶(兰维尔阶)	大湾阶	478	鹰山组（O₁₋₂y）	6.间隔带(*Baltonildus aff.navis*)5.*Paroistodus originalis*4.间隔带(*Baltonildus communis*)	SQ6SQ5SQ4
	O₁	玉山阶(阿伦尼克阶)	红花园阶	492		3.*Paroistodus protens*	SQ3
				495		2.*Tripodus proteus*1.*Utahconus beimadaoensis*	
		特马道克阶	两河口阶		蓬莱坝组（O₁₋₂p）		SQ2SQ1
寒武系	ε₃	多尔多格阶	毛田阶	505			

图 3-1 塔河地区地层柱状图（据傅恒等修改，2006）

第 3 段：以亮晶砂屑灰岩优势发育的层段，称"中颗粒灰岩段"，厚度 20~60 m。

第 2 段：以微晶灰岩或微晶砂屑灰岩为主的层段，称"下微晶灰岩段"，厚度 30~70 m。

第 1 段：以亮晶砂屑灰岩或微晶砂屑灰岩为主的层段，称"下颗粒灰岩段"。厚度 20~40 m。

中奥陶统一间房组（O₂yj）：与下伏地层整合接触，顶部与上覆地层呈平行不整合接触。在沙 60、沙 68 等井揭示发育台缘生物礁滩沉积。以沙 69 井为例，钻厚 89 m，深度为 5523.5~5612.5 m，岩性为浅灰色亮晶砂屑灰岩、鲕粒灰岩、粒屑灰岩、含砂屑泥微晶灰岩、泥微晶灰岩、不等晶灰岩，呈略等－不等厚互层夹层孔虫－海绵礁灰岩、藻粘结灰岩。产牙形刺：*Pygodus serrus*，在 LN16 井 P. Serra 之下产 *Eoplacognathus suecicus*，其他含介形虫、棘屑、藻类、腕足、三叶虫、瓣鳃、海百合茎等生物碎屑。

上奥陶统恰尔巴克组（O₃q）：底部与下伏地层呈平行不整合。岩性主要为紫红色泥质灰岩及瘤状泥灰岩夹暗棕色灰质泥岩，生物极丰富，钻厚 18~25 m。

上奥陶统良里塔格组（O₃l）：与下伏地层整合接触，其顶部为平行不整合。岩性为深灰、褐灰色粉－细晶灰岩、角砾状灰岩夹角砾状生物屑灰岩，上部为深灰、褐灰色白云质泥岩夹角砾状生物灰岩，井下厚度 162 m，在 LN16 井中上部夹暗紫色、紫红色泥岩及泥灰岩。

上奥陶统桑塔木组(O_3s)：顶、底部为平行不整合面。主要为混积陆棚相地层，分为上下两段，上段灰绿色、暗棕色粉砂质泥岩，局部夹生屑灰岩及鲕粒灰岩。下段灰色泥晶灰岩与粉砂质泥岩互层。

奥陶系油藏的产层主要为下奥陶统一间房组、鹰山组。

3.1.2　油藏构造特征

研究区是由前震旦系变质基底上发育起来的一个长期发展的、经历了多期构造运动、变形叠加的古凸起，先后经历了加里东期、海西期、印支-燕山期及喜马拉雅期等多次构造运动。

王君奇等对阿克库勒凸起古应力场演化特征的研究表明，海西早期区域主应力为 NW-SE 向，形成了向南西倾覆的 NE-SW 走向的阿克库勒大型鼻凸的雏形；海西晚期区域主应力为 N-S 向挤压作用，在大型构造鼻凸上叠加形成的一系列近 E-W 走向的逆冲断层和局部褶曲，如阿克库木、阿克库勒近东西向断裂构造带。断层断开层位主要为奥陶系，向上断层基本消失于石炭系，只有个别大断层延伸到中生界(发育在北侧两断裂构造带)。奥陶系碳酸盐岩在海西晚期以后基本上处于稳定埋藏状态，对阿克库勒凸起南部地区奥陶系的构造特征及变形起主要控制作用的为海西早、晚期运动，尤以海西早期的古构造面貌对后期构造变形的控制作用较为明显(图 3-3)。上述特征从地层分布不一致性也可以看出(图 3-2)。

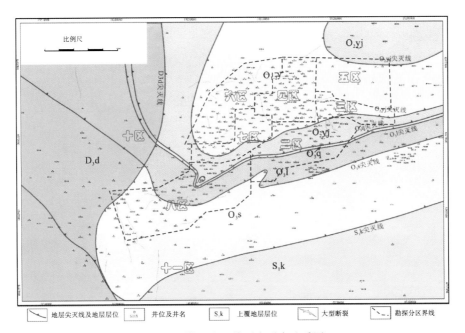

图 3-2　塔河油田前石炭系古地质图

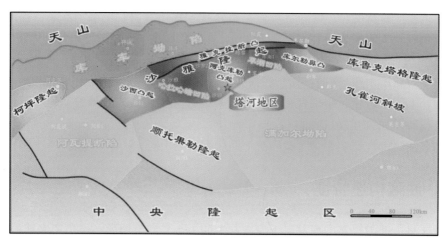

图 3-3　塔里木盆地塔河地区构造位置图(据西北分公司研究院，2006)

3.1.3　断裂发育特征

塔河油田是由前震旦系变质基底上发育起来的一个长期发展的、经历了多期构造运动、变形叠加的古凸起。先后经历了加里东期、海西期、印支—燕山期及喜马拉雅期等多次构造运动。王群奇等人对阿克库勒凸起古应力场演化特征的研究表明，海西早期区域主应力为 NW-SE 向，形成了向南西倾覆的 NE-SW 走向的阿克库勒大型鼻凸的基本形态；在海西中－晚期区域主应力为 N-S 向挤压作用，在大型构造鼻凸上叠加形成的一系列的逆冲断层和局部褶曲。

按断裂发育的规模大小，分为中－大型断裂(断裂长度大致延伸 1.5 km 以上)和小型断裂("毛毛断裂")(图 3-4)。通过研究，对奥陶系地层中断裂发育特征进行了总结。

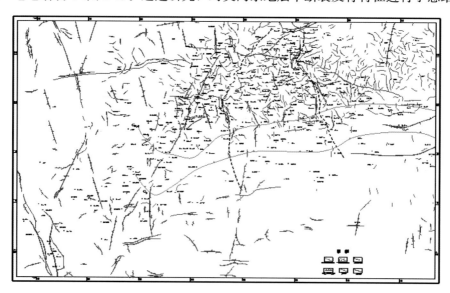

图 3-4　塔河奥陶系顶面(T_7^4－红色)和深部(T_7^6－蓝色)断裂分布图

(据西北分公司研究院，2006)

3.1.3.1 中－大型断裂(带)的发育特征

(1)断层的组系：多次构造活动，发育了 NW 向、NE 向、近 EW 向和近 SN 向 4 组断裂。总体上规模都比较大，为一系列平行断裂，且连续性相对较好，延伸长度较大。

(2)断层分布特征：中西部、北部 NW 向、NE 向断裂数量众多。SN 向断裂主要发育在南部、西南部，受应力场改变控制由 NW 向断裂扭转为近 SN 向断裂，由西向东断裂活动强度逐渐减弱。近 EW 向断裂也主要发育在北部地区，断续延伸，多为继承性断裂，且断裂活动强度大，向南部活动强度弱。

(3)断层性质：岩心观察该类断裂附近井的岩心破裂面见到近"水平"向走滑破裂缝(图 3-5)，在 T_7^4 界面上的这类断裂见有近"雁行"式的排列，综合分析该类断层具有走滑性质。表现出的特征是垂向断距相对较小、断层面倾角大(一般在 80° 以上)的逆断层。

(4)断层断开层位：该类断层主要发育在奥陶系地层中，向上断层基本消失于石炭系，只有个别大断层延伸到中生界。断层在海西晚期以后基本上处于稳定状态。

(5)上下的特征差异：从奥陶系顶面(T_7^4 界面)的构造图上显示出该类断裂的规模，相对奥陶系深部(T_7^6)构造显示出的规模要小或几乎无断层显示(图 3-5)。深部的断裂，向上延伸在 T_7^4 界面时可以变成多条"断续"延伸的中－小型断层。深部断裂显得相对"规整"，浅部断裂变得相对"不规整"和杂乱。

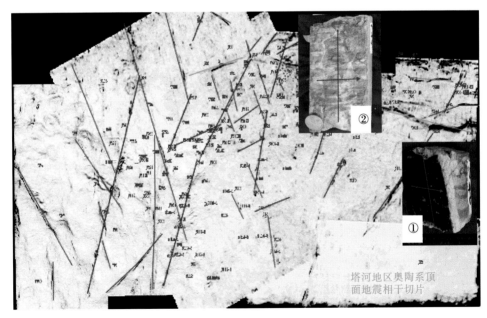

图 3-5 塔河地区奥陶系深部地震相干切片

(注：①T904(5792.94～5793.09 m)垂直裂缝，水平擦痕；②T904(5716.64～5716.70 m)Os，早期垂直缝中充填方解石，后期沿缝面错动，擦痕明显)

3.1.3.2 小型断裂——"毛毛断裂"的发育特征

(1)断层组系、特征：该类断裂主要见于奥陶系顶面构造图上，发育的数量众多，产状较乱，多集中分布于东北部，在鹰山组出露区。

（2）断层组合形式：单一断裂面多呈"弯曲"状，有弧形、正反"S"形、"V"字形、正反"3"形。组合形式多有平行型、斜交型、斜接型、"人或八"字形、放射状等（表 3-1）。

（3）断层的协调性：从断裂的单一形式和组合形式上，多数断裂表现出"不协调"性，即与正常应力形成的断裂特征有一定区别。

表 3-1　塔河奥陶系顶面构造小型断裂单一和组合类型分类

单一类型	与洞穴分布的关系	组合类型	与洞穴分布的关系
直线形	小	平行	小
弧形	有关	斜交	中
正反"S"形	关系大	斜接	中
"V"字形	有关	"人或八"	中
正反"3"形	有关	放射	大

3.1.4　古岩溶环境特征

自塔河油田发现、勘探、开发以来，西北石油勘探开发研究院及国内外有关研究单位、科研工作者、石油地质学家等对塔河油田奥陶系碳酸盐岩中油、气藏进行了全方位的深入研究，取得了丰硕的成果，各个研究时期均有研究专著和文章发表。迄今已发表的代表性专著有：《塔里木盆地北部寒武－奥陶系碳酸盐岩储层特征及油气前景》（叶德胜等，2000）、《塔里木盆地阿克库勒凸起奥陶系碳酸盐岩岩溶作用及成藏机制》（李国蓉，俞仁连，2003）。在国内外权威期刊上发表的文章有：《塔河油田碳酸盐岩大型隐蔽油藏成藏机理探讨》（闫相宾等，2004）、《海平面周期性升降变化与岩溶洞穴层序次关系探讨》（徐国强等，2005）、《塔里木盆地塔河油田加里东期古岩溶特征及其意义》（俞仁连等，2005）、《锶同位素在塔河古岩溶期次划分中的应用》（张涛和叶德胜，2005）、《浅谈塔里木盆地台盆区天然气勘探前景》（云露等，2004）、《塔河碳酸盐岩油藏岩溶古地貌研究》（康志宏，2006）等。

查阅上述资料后发现前人在对塔河油田奥陶系碳酸盐岩中古岩溶期次划分基本一致，即划分为加里东期古岩溶及海西早期古岩溶，但对两期古岩溶作用在形成储渗体贡献方面的评估却迥然不同：一种观点认为研究区储渗体形成以加里东期岩溶为主，海西早期岩溶次之；另一种观点则认为以海西早期岩溶为主，加里东期岩溶作用贡献较小。

古岩溶研究在我国堪称历史久远，不仅理论上、实践上研究成果显著，且岩溶研究在中国已发展成为一门独立的学科——岩溶学。需要指出的是"岩溶"一词在 1966 年 2 月之前我国地学界用的是"喀斯特"术语，1966 年 2 月在广西桂林召开的中国地质学会全国岩溶（喀斯特）学术会议上建议使用"岩溶"这一术语来代替"喀斯特"，其内涵两者基本一致。在古岩溶研究工作中关于古岩溶期次划分中要遵循的原则是：

（1）一个期次的古岩溶作用必定对应一期构造抬升运动，其中有构造级别之分；

（2）一个期次的古岩溶作用顶界面必定是一个不整合界面，不整合界面上必定有一定的地层缺失；

（3）一个期次岩溶事件发生的时限由不整合界面上缺失的地层时代及不整合界面下保存的地层时代来界定；

（4）参照溶蚀洞中的充填物的分析测定结果，不同期次形成的溶洞，其地层所处的物化环境特征不同，形成的充填物同位素等特征也存在一定的区别，根据这种区别来确定形成期。

经过对保存在塔河油田奥陶系碳酸盐岩地层中古岩溶标志的全面考量，从一级构造运动与岩溶期次关系层面分析研究区岩溶期次可划分为加里东期岩溶和海西早期岩溶。这点与前人观点一致，与前人观点不同之处在于对加里东期岩溶、海西早期岩溶在研究区奥陶系碳酸盐岩地层中形成储渗体的主导作用评估不同。前人研究报告中一种观点认为以海西早期岩溶作用为主，加里东期岩溶作用次之；另一种观点认为以加里东期岩溶作用为主，海西早期岩溶作用次之。我们的观点是塔河油田奥陶系碳酸盐岩地层随所处地质背景不同，受到的加里东期岩溶、海西早期岩溶作用程度可能不同，应分区块进行评估。

3.2　塔河碳酸盐岩缝洞单元的油水分布模式

3.2.1　缝洞单元内油水界面的评价

油气藏的形成经历了漫长的地质历史，油气水在连通的油藏内总是处于相对稳定的平衡状态，按密度呈重力分异状态分布，即自上而下按气、油、水分段分布，自然存在气油水或气水界面。对常规砂岩油藏而言，油气水在油藏内按统一的气油、油水或气水界面存在时，说明在油气藏形成过程中，这一储层系统是相互连通的，称为一个油气水系统。一个油田可以是一个单一的油气水系统，也可以存在很多个油气水系统。油气水系统的分布和产状直接关系到储量计算和开发部署的决策，因而油气水系统的确定和描述，是油田开发中非常重要的内容。

油藏原始油水界面是原油运移进油藏后的产物，前人对塔河油田奥陶系油藏成藏过程的研究表明，现今油藏为异源油藏多期次充注，并经历了多期的充注和破坏。在油藏形成之前储集空间为水体充满，异源油气进入储层后选择高部位聚集，并向下排出储层中的水体。由于溶洞和高角度裂缝的存在，油水替换容易并充分，最终形成了现今的油藏，油水分布总体上符合上油下水格局。鉴于塔河油田储层的特殊性，缝洞单元作为一个独立的油藏，是缝洞型碳酸盐岩油藏的基本开发单元，各单元都有自己独立的压力系统和油水关系。

3.2.1.1　原始油水界面一般确定方法

原始流体界面实际上不是一个截然分界面，储层内两种流体在纵向上是一种渐变过渡接触关系，一般存在一个过渡段。油水接触关系同样存在过渡段，但一般厚度较小，可以忽略不计。确定原始油水界面的方法有很多，主要包括现场资料统计法、实验室测定法以及其他的间接计算法等[46-50]。常用方法有以下几种。

1. 现场统计法

根据岩心观察、钻井、测井资料和试油资料，找出产纯油段最低底界标高和水层最高顶界标高，取二者平均值，即为油水界面。确定原始油水界面最重要最直接的资料就是早期试油资料，其他资料如钻井、岩心、测井等资料通常是作补充和辅助用，需要和试油资料结合分析。

2. 测井解释

如前文所述，通过油水层识别可以对油水层判别，初步判断油水界面的位置。

3. 用压汞资料研究油水界面

近年来国内外毛细管压力曲线研究技术发展迅速。利用油层岩心的毛细管压力曲线，再结合油水相对渗透率曲线，能够较准确地划分出油水界面，油层自上而下地被划分为三个带：产油带、油水过渡带和产水带。

4. 压力梯度法计算油水界面（区域压力梯度法）

由于压力梯度反映流体的密度，不同的流体密度不一样，反映在压力梯度图中的斜率就不一样。因此，就可以用在不同深度油、水层测得的原始地层压力，与相应深度绘制压力梯度图，反映不同地层流体密度的压力梯度线的交点，即为地层流体界面的位置[51]。

5. 用原始油层压力和流体密度确定油水界面（单井压力梯度法）

当钻井很少，无法取得压力梯度资料时，可以用单井原始油层压力和流体密度资料来评估油水界面。

以上几种方法有的虽然可靠性较高，但所需的资料较多，在生产实践中很难完整地提供这些资料。塔河奥陶系碳酸盐岩储层复杂，利用上述统计法和实验室方法确定油水界面难度很大。塔河奥陶系油藏直接钻遇水体的井很少，特别是在4区缝洞单元中直接钻遇水体根本就没有，整个塔河油田获得的水体压力资料是极其有限的；另外油层的静压资料获取也有一定的局限性，能不能取得油层压力资料还受到稠油压力恢复缓慢的限制。总之，使用压力资料来计算油水界面难度也是很大的。

由于油水界面是一个十分关键的参数，关系到油藏的储量、开发井的完井深度设计、油井合理产量确定，塔河油田油水界面的问题一直没有解决。鉴于该地区特殊的情况，通过对资料的分析与可行性评估，本次研究主要尝试用压力资料求取原始油水界面的方法，对4区的原始油水界面进行分析和计算，寻求一种适用于该地区的方法，下面介绍压力资料求取原始油水界面的方法原理

3.2.1.2　用压力资料求取原始油水界面原理介绍

1. 区域压力梯度法

对于一些钻井较少的油田，可以用测压资料求取压力梯度，而压力梯度反映流体的密度，不同的流体密度不一样，反映在压力梯度图中的斜率就不一样。因此，利用各种测压方法（试油、RFT、DST 测试等），在不同深度油、水层测其原始地层压力，与相应深度绘制压力梯度图，反映不同地层流体密度的压力梯度线的交点，即为地层流体界面的位置。如图 3-6 所示，该压力梯度是由两个不同斜率（即压力梯度）的直线组成，第一条直线段的梯度和密度分别为 0.006223 MPa/m 和 0.6223 g/m³，第二条直线段的梯度和密度分别为 0.010137 MPa/m 和 1.0317 g/m³。由两个直线段的地层流体密度可知，第一直线段反映的是油层，第二直线段反映的是水层。在第一和第二直线段的交点处，即所要求的油水界面位置，得到的油水界面位置为 2067 m。同样，可以用相应的公式计算油水界面[51]：

$$D_{\text{OWC}} = \frac{(G_{\text{DW}}D_{\text{w}} - G_{\text{DO}}D_{\text{o}}) - (P_{\text{wi}} - P_{\text{oi}})}{G_{\text{DW}} - G_{\text{DO}}} \tag{3-1}$$

式中，D_{OWC} 为油水界面的位置，m；G_{DW} 为水层的压力梯度，MPa/m；G_{DO} 为油层的压力梯度，MPa/m；P_{wi} 为水层压力梯度线上任一点的原始地层压力，MPa；P_{oi} 为油层压力梯度线上任一点的原始地层压力，MPa；D_{w} 为与 P_{wi} 相应的深度，m；D_{o} 为与 P_{oi} 相应的深度，m。

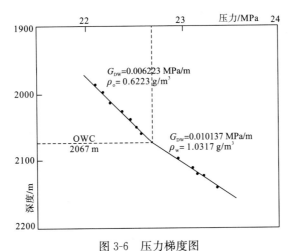

图 3-6　压力梯度图

2. 用原始油层压力和流体密度确定油水界面（单井压力梯度法）

对于古潜山式裂缝性碳酸盐岩油气藏，或块状砂岩油、气藏，当其具有底水或边水时，若探井没有打穿油水界面，可通过探井测试压力恢复曲线确定原始地层压力。如图 3-7，是一口打在古潜山裂缝性底水碳酸盐岩油藏顶部的井。打开油层井段中部的深度为 D_{o}、关井测得的原始地层压力为 P_i。假定油藏的油水界面（OWC）位置为 D_{OWC}，从打开油层井段中部到油水界面的距离为 X，并假定油水界面上的原始地层压力为 P_{OWC}。根据取样测试的地层流体密度资料，就可以计算油水界面（或气水界面）的位置。如图 3-7 所示，在静止条件下，油藏距油水界面任意一点的地层压力，可由下式表示：

$$\int_{P_i}^{P_{OWC}} dP = \int_{D_o}^{D_{OWC}} 0.0098\rho dh \tag{3-2}$$

则油水界面的原始地层压力与打开油层井段中部的原始地层压力可表示为

$$P_{OWC} - P_i = 0.0098\rho_o(D_{OWC} - D_o) \tag{3-3}$$

式中，ρ_o 为地层原油密度，g/cm^3。

同样，可以假设同一深度，打到水层，则油水界面的原始地层压力与打开油层井段中部的静水柱压力差为

$$P_{OWC} - P_{wD} = 0.0098\rho_w(D_{OWC} - D_o) \tag{3-4}$$

式中，ρ_w 为地层水的密度，g/cm^3。

式(3-3)－式(3-2)得

$$P_i P_{wD} + 0.0098(\rho_w - \rho_o)(D_{OWC} - D_o) \tag{3-5}$$

由于 D_o 处的地层静水柱压力可以表示为

$$P_{wD} = 0.0098\rho_w D_o \tag{3-6}$$

由式(3-4)除以式(3-5)，压力系数的表达式

$$\eta_o = \frac{P_i}{P_{wD}} = 1 + \left(\frac{\rho_w - \rho_o}{\rho_w}\right)\left(\frac{D_{OWC} - D_o}{D_o}\right) \tag{3-7}$$

则确定原始油水界面位置的公式为

$$D_{OWC} = D_o\left[1 + \frac{(\eta_o - 1)\rho_w}{\rho_w - \rho_o}\right] \tag{3-8}$$

也可以变形式为

$$D_{OWC} = \frac{P_i - 0.0098 \times \rho_o \times D_o}{(\rho_w - \rho_o) \times 0.0098} \tag{3-9}$$

塔河油田奥陶系油藏 4 区没有直接钻遇水体，也就是没有实际钻遇到油水界面。该区完钻井大部分采用长井段裸眼酸压测试、投产，虽然部分井在测试时或投产一段时间后见水，由于是长井段裸眼且酸压投产，而酸压往往会将其他缝洞体水体引入井底如 S64 井、TK426 井、TK472 井，资料难以说清具体出水层段。部分下套管的深井（如 T416 井、TK418 井）也没有进行找水测试，因此后期分析、认识原始油水界面缺乏可靠资料，比较困难。用压力资料计算原始油水界面也受多方面因素影响，加之压力资料有限，下面就以上几种方法进行了原始油水界面的分析。

3.2.1.3 实际钻遇的油水界面

S48 单元各井均未直接钻遇水层，DST 测试等试油资料也未显示钻遇水层。从该单元的钻井井深来看，钻井最深的是 TK426 井（完钻井深 5660 m，人工井底 5580 m），其次为 TK411 井（完钻井深 5622 m，人工井底 5501 m）以及 TK408 井（完钻井深 5600 m，人工井底 5480 m）、T402 井（完钻井深 5602 m）以及 TK429 井（完钻井深 5600 m，人工井底 5519 m）。TK426 井测井解释 5548～5567.5 m 为油气层，录井显示 5565～5590 m 有

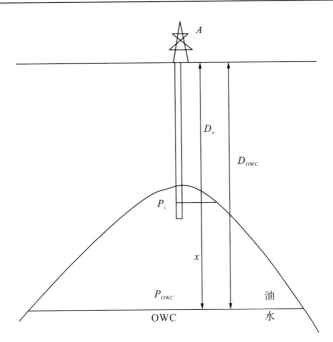

图 3-7 原始油层压力和流体密度确定油水界面示意图）

良好的油气显示，T402 井测井解释 5548.5～5598.0 m 为裂缝较发育的油气层。TK411 井测井资料显示 5598.0～5609.0 m 为裂缝较发育的油气层。其他井也都未出现水层段，录井都有油气显示，说明该单元 5600 m 以上可能都是产油段，也就是该单元的纯油段。另外，由于大多数井都是生产一段时间进行生产测井，产液剖面数据是水体运移的结果，出水深度不能代表原始油水界面，因此，用产液剖面数据计算原始油水界面是无效的。另外选取了该单元几口生产层段较深的井，对他们的见水情况做了分析，如下表 3-2 所示。从表中可见，T402 井完钻井深 5602 m，自然投产 104 天后见水，说明原始油水界面应该在 5602 m 以下。TK426 井完钻井深 5660 m，人工井底 5580 m，投产见水，由于该井为酸压投产井，可能是压开连接水体的裂缝而出水，油水界面的位置不能确定。所以，通过生产资料初步判断，原始油水界面应该在 5602 m 以下。

表 3-2　S48 单元生产井段较深井生产情况

井号	投产时间	完钻井深/m	生产井段/m	投产方式	见水时间	无水采油期/d
T401	1998-10-13	5580	5379～5424	自然	2001-12-08	1144
T402	1998-12-14	5602	5358.5～5602	自然	1999-03-28	104
TK411	1999-11-19	5622	5432.5～5500	酸压	2000-11-02	333
TK426	2000-09-24	5660	5496～5580	酸压	2000-09-24	投产见水
TK429	2000-08-17	5600	5418.5～5519	酸压	2001-03-21	376
TK440	2001-05-03	5597	5370～5440	自然	2003-09-18	817

　　S65 单元共包括 7 口井，其中 TK442 井位于 6 区。目前为止全区有 6 口井都不同程度地出水。从该单元的钻井井深来看，最深的是 S65 井（完钻井深 5754 m，人工井底

5520 m），其次为 TK455 井(完钻井深 5682.5 m，人工井底 5548 m)。S65 井酸压投产，在 5451.8～5520 m 井段酸压，无水采油期为 158 天，测井解释段 5724～5727 m 可能为水层。TK455 井目前尚未见水，一直无水自喷。表 3-3 是该单元的井深及出水情况。生产井段最深的 TK461 井自然投产，无水期 572 天，说明油水界面应该在 5604 m 以下。TK432 井产液底界为 5585 m，开井见水，但钻井过程中 5571.5～5577.5 m 发生井漏，共漏失钻井液 67 m³，后放喷，分析产液中所含水分来自漏失井段 5571.5～5577.5 m 的漏失钻井液。后经注热油、油套管交替放喷、关井等措施后，1 月 27 日采用 9 mm 油嘴自喷生产，日产原油达到 99 m³/d，原油含水平均在 52%，经分析该阶段水为地层水，初步判断该井油水界面的位置应该在 5585 m 以下。以上分析可知，TK461 井晚于TK432 井投产，产层深度大于 TK432 井，但无水期却远大于 TK432 井，说明该单元可能没有统一的油水界面。

表 3-3　S65 单元各井生产情况

井名	生产时间	奥陶顶/m	完钻井深/m	生产方式	生产井段/m	见水时间	无水期/d
S65	1999-09-04	5460.5	5754	酸压	5460.5～5520.0	2000-02-14	158
TK432	2001-01-11	5438.5	5585.0	自然	5438.5～5585	2001-01-11	0
TK435	2001-04-19	5440.5	5600.0	酸压	5440.5～5500	2002-11-23	579
TK447	2001-10-06	5467.0	5485.0	自然	5467～5485.0	2004-06-23	980
TK455	2002-04-10	5486.0	5682.5	酸压	5486.4～5548	无水截至 06/5	未见
TK461	2003-03-03	5450.5	5604.7	自然	5530～5604.6	2004-09-30	572
TK442	2001-08-16	5458.0	5533.6	自然	5461～5533.55	2002-09-23	370

另外根据开井就油水投产资料，分析了 6 区 TK642 单元、S74 单元以及 8 区的 T701 单元、S91 单元、TK742 单元、TK824 单元、TK828 单元实钻的油水界面位置，见表 3-4。

表 3-4　塔河油田奥陶系油藏投产就见水统计表

区块	缝洞单元	井号	日期	井段/m	投产情况	推算油水界面位置/m	备注
4 区	S65	TK432	2001-01-27	5438～5585	自喷油水	5585	
	TK466	TK460	2002-10-17	5570～5784	自喷油水	5784	
	TK409	TK409	1999-07-27	5446.5～5500	酸压投产	5670	以下
	TK407	TK407	1999-06-27	5393.5～5426.0	酸压投产	5480	以下
	TK413	TK413	2000-01-01	5370～5508	酸压投产	5587	以下
6 区	TK642	TK642	2003-04-03	5573～5747	自喷油水	5747	
	S74	TK652	2003-07-21	5460～5670	自喷油水	5670	

续表

区块	缝洞单元	井号	日期	井段/m	投产情况	推算油水界面位置/m	备注
	T701	T701	2001-08-10	5538~5674	油水同洞	5674	
	S91	T817	2004-03-26	5644~5736	自喷油水	5736	稠油层
8 区	TK742	TK742	2003-11-04	5487~5750	自喷油水	5750	
	TK824	TK824	2004-08-12	5576~5607	油水同产	5607	
	TK828	TK828	2004-11-27	5627~5771	自喷油水	5771	
	TK828	TK829	2004-10-25	5691~5889	自喷油水	5889	

3.2.1.4　测井分析的油水界面

根据前文有关油水判别，通过测井解释法对 8 区 32 口井的油水界面进行了估算，见表 3-5。

表 3-5　8 区测井解释油水界面数据表

井名	油水界面深度/m	井名	油水界面深度/m
TK719	5925.60	T810	5834.20
T803K	5914.50	TK842	5626.15
T820K	5903.40	T703	5684.85
TK841	5779.50	T807	5697.00
T704	5740.25	TK846	5612.05
TK833	5740.90	TK845	5547.25
T819K	5847.10	TK849	5936.50
S91	5783.50	TK847	5918.00
T706	5839.95	T802	5934.20
T816K	5730.75	TK836	5836.00
TK838	5701.55	TK848	5618.70
TK742	5681.35	T701	5688.20
TK822	5700.55	T702	5614.20
S76	5678.31	TK844	5957.90
TK830	5664.75	TK843	5870.40
TK834	5660.00	TK724	5861.50

3.2.1.5　压力法预测的油水界面

1. 区域压力梯度法

为反映 S48 单元的原始油水界面，就必须测到在该单元不同深度油、水的原始地层压力。由于 4 区没有直接钻遇的水层,其水层原始压力及梯度值无法确定。本次研究选取了邻区几口钻遇并测试为水层的井,经过筛选,选取了以下几口井的水层静压及其深度值,如下表 3-6 所示。在单元油层原始压力的选取上,由于很多井开井生产时间较晚或生产一段时间才测其地层压力,此时的地层压力已经代表不了单元的原始地层压力,只能作为该单元的目前地层压力,为反映单元的原始油层压力及梯度情况,选取了该单元早期四口井的测压资料,如表 3-7 所示。

由压力梯度法原理可以绘制油和水的梯度图,两条直线的交点即原始油水界面的位置,如图 3-8 所示。图中 S48 单元两梯度线的交点,5670 m 处即为 S48 单元的原始油水界面位置;同样 TK416 单元原始油水界面位置在 5640 m 处,见表 3-8。

同样借用区域水层压力资料,应用压力梯度法对 6 区的油水界面进行了计算,图 3-9 是 6 区压力梯度法交会图,表 3-8 是计算成果表。

表 3-6 区域水层压力统计表

井号	测层井段 /m	日期	压力计下深 /m	实测压力 /MPa	油层中部深度 /m	油层中部压力 /MPa
S113	5782~5798	2004-07-10	5700	62.12	5790.00	63.10
S113	5782~5798	2004-07-15	5700	62.28	5790.00	63.21
T808K	5562~5610	2004-02-20	5500	58.98	5586.00	59.88
PTK320	5452.5~5534.0	2002-07-11	5300	54.76	5493.25	56.85
TK845CH	5496.71~5738.90	2006-02-25	5400	55.72	5580.17	57.61
T704		2002-09-14	5200	57.69	5749.18	62.30

表 3-7 4 区区域压力梯度法计算油水界面

井号	缝洞单元	测压时间	油层中部深度 /m	地层压力 /MPa	油/水层	油水界面位置 /m
S48		1997-10-27	5366.75	58.75	油层	
S48		1998-04-28	5366.75	59.08	油层	
T401	S48	1998-10-19	5471.50	59.57	油层	5670
T402		1999-01-18	5477.46	59.53	油层	
T403		1999-09-22	5515.47	59.67	油层	
T416	T416	2000-06-30	5451.00	56.42	油层	5640
T416		2000-05-27	5474.00	57.41	油层	
TK406CH	TK406CH	1999-12-06	5517.36	54.21	测压时为干层,2001 年 12 月侧钻油水同层	数据无效
TK468		2003-01-25	5448.00	54.44	油水同层	

井号	缝洞单元	测压时间	油层中部深度/m	地层压力/MPa	油/水层	油水界面位置/m
TK427	TK427	2000-06-28	5578.30	58.46	油层	TK483 井 2006 年 1 月 9 日酸压施工,测压时间位于酸压之后,数据点无法使用;仅 TK427 井单点无法判断
TK483		2006-03-18	5519.68	56.64	水层	
TK428CH	TK428	2003-07-22	5450.07	57.52	油水同层	油水同层,5450～5456m TK446 酸压后油水同产,其油水界面不好界定
TK446		2001-09-27	5456.50	56.43	油水同层	

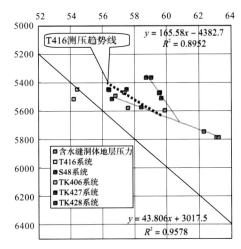

图 3-8　4 区压力梯度法交会图

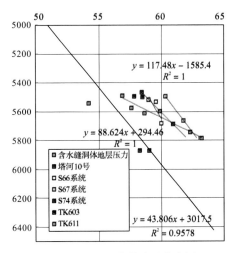

图 3-9　6 区压力梯度法交会图

表 3-8　6 区区域压力梯度法计算油水界面

井号	缝洞单元	测压时间	油层中部深度/m	地层压力/MPa	油/水层	油水界面位置/m
S67	S67	1999-12-01	5500.00	60.31	油层	5760
S67		1999-12-01	5668.00	61.74	油层	
TK604	S66	2003-01-18	5521.00	58.94	油水同层	5640
TK627H		2002-06-23	5684.52	59.96	油层	
TK628		2002-01-25	5537.5.0	59.52	油层	
S74	S74	2000-06-13	5692.58	60.91	油层	5680
TK609		2003-01-18	5470.85	58.41	油水同层	
TK603	TK603	2000-10-12	5501.30	58.43	油层	?
TK620		2002-11-10	5498.25	57.79	油水同层	

井号	缝洞单元	测压时间	油层中部深度/m	地层压力/MPa	油/水层	油水界面位置/m
TK614	TK611	2003-06-23	5543.91	54.18	油水同层	5613
TK646CH		2006-01-14	5613.95	58.63	水层	

2. 用原始油层压力和流体密度确定原始油水界面(单井压力梯度法)

用该方法计算原始油水界面,需要该单元原始地层压力,即第一口井测的静压值。在压力值的选取上,为避免人为或地质因素造成的误差,S48 单元选用 S48 井测的最大一次压力值,即 1998 年 4 月 22 日测压恢压力值,油藏中部深度 5366.75 m,油层中部压力值 58.82 MPa,另外,原油地层密度选用 S48 井的 PVT 测试结果,0.8604 g/cm³,地层水密度选用 2004 年西北石油局测得结果 1.1016 g/cm³,数据如表 3-9 所示,将以上数据带入公式(3-9),计算结果为 5734 m。

表 3-9　S48 单元原始油水界面计算所需数据表

井号	测试时间	压力计下深/m	地层静压/MPa	百米梯度	中部深度/m	中部压力/MPa	地层水密度/(g/cm³)	地层原油密度/(g/cm³)
S48	98.04.28	4700	53.148	0.85	5366.80	58.82	1.1016	0.8604

TK409 井单元选用该单元 TK409 井最早一次测静压值,1999 年 6 月 9 日所测静压值,计算所需数据见表 3-10,由于该井原油地面密度和 S48 井原油地面密度值接近,地理位置离 S48 井较近,在没有测得该井原油地层密度的情况下,选用 S48 井的 PVT 测试结果 0.8604 g/cm³。代入计算式得油水界面深度 5774 m。

表 3-10　TK409 单元原始油水界面计算所需数据表

井号	测试时间	压力计下深/m	地层静压/MPa	百米梯度	中部深度/m	中部压力/MPa	地层水密度/(g/cm³)	地层原油密度/(g/cm³)
TK409	1999-06-09	5357.4	58.82	0.85	5459.50	59.68	1.1016	0.8604

同样对 6 区、8 区的典型单元也采用单井压力梯度法计算了油水界面深度,见表 3-11。

表 3-11　6 区、8 区典型单元单井压力梯度法计算油水界面深度数据表

区块	缝洞单元	井名	产层段		单井压力梯度法/m	备注
			顶深/m	底深/m		
6 区	S67	S67	5465.3	5519	5761.164	油层
	S66	TK627H	5602.5	5881.36(斜深)	5649.814	油层
		TK628	5505.99	5569	5704.498	油层
	S74	S74	5484	5496	5686.337	油层
	TK603	TK603	5489	5518.14	5756.996	油层

续表

区块	缝洞单元	井名	产层段		单井压力梯度法/m	备注
			顶深/m	底深/m		
8 区	TK719	T705	5597	5878	5932.660	油层
	T814K	T814K	5586.97	5670	5984.180	油层

3.2.1.6　缝洞单元油水界面分布规律

4 区 5 个主要缝洞单元计算结果如表 3-12。由各单元原始油水界面位置计算结果来看，各单元之间并不存在统一的油水界面，单元之间油水界面差别比较大（如表 3-13）。从计算的界面位置看，北部 TK409 单元原始油水界面深度最大，向南有逐渐减小的趋势，到西南边 S65 单元的原始油水界面深度最小，见图 3-10、图 3-11、图 3-12。

表 3-12　塔河四区主要单元原始油水界面计算结果

单元名	实测资料推测/m	区域压力梯度法/m	单井压力梯度法/m	梯度法与一点法计算差/m
S48	>5602	5670	5734	64
S65	>5604/≥5585	5684	5578	106
TK407	>5480	5706	5702	4
TK409	>5670	5724	5774	50
TK413	>5587	5713	5727	14

表 3-13　4 区油水界面数据汇总表

缝洞单元	井名	产层段		实钻/试油	区域压力梯度法/m	单井压力梯度法/m
		顶深/m	底深/m			
S48	S48	5363	5370		5670	5734
	T401	5379	5424			
	T402	5359	5602	5602		
	Tk440	5378	5600			
T416	T416	5468	5480		5640	
TK413	TK406CH	5390.5	5780		5713	5727
	TK468	5406	5490			
	TK413	5370	5508			
S65	TK432	5438	5585	5585	5684	5578
	TK461	5530	5604.6	5604		
TK409	TK460	5570	5784	5670	5724	5774
	TK409	5446.5	5466.6			

续表

缝洞单元	井名	产层段		实钻/试油	区域压力梯度法/m	单井压力梯度法/m
		顶深/m	底深/m			
	TK407	5393.5	5426.1			
TK407	TK434	5427	5477.6		5706	5702
	TK479	5404.0	5539.5			

另外，各方法计算的结果也有一定的差别。其中 S65 单元用实测资料推算的界面不统一，TK461 井推测界面在 5604 m 以下，而早期投产的 TK432 井推测的油水界面在 5585 m 附近；S65 单元梯度法与一点法计算差别也最大，达到了 106 m，其余各单元计算差别不大，TK407 单元仅相差 4 m。

结合前面缝洞识别成果以及地质岩溶背景发现，塔河油田 4 区由于位于岩溶高部位，受风化剥蚀以及岩溶作用明显，缝洞体分布极不规则，在同一缝洞单元内，连通的各井缝洞体在空间上分布就更加复杂，相应的油水分布也没有一定的规律可言。因此，在某些情况下，缝洞单元内部可能就存在 2 个或多个油水界面，如以上计算的 S65 单元。所以，各单元没有统一的原始油水界面，复杂多井单元内的原始油水界面也可能存在一定的差别。

从图 3-10 看出在 TK409-S48-TK413-TK407 剖面上，原始油油水界面在本区相对比较一致，S48 单元界面稍高；在 T416 到 S65 单元界面也比较一致，但是比东部的界面高 50~100 m。

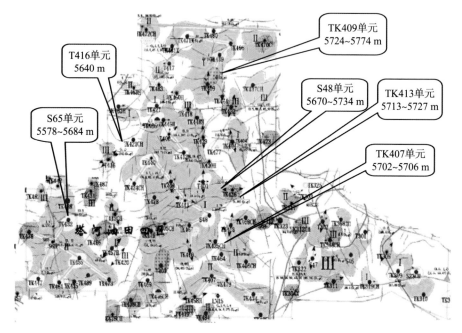

图 3-10　4 区主要单元原始油水界面分布图

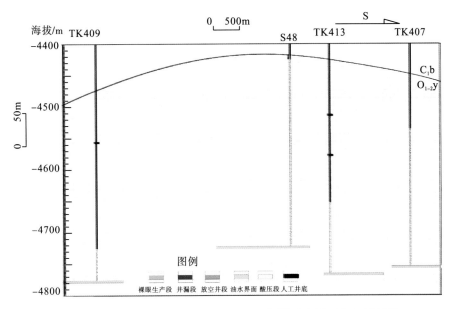

图 3-11　4 区 TK409-S48-TK413-TK407 原始油水界面分布剖面图

6 区油水界面差距比较大,从东北到西南 S74 到 TK614 油水界面逐渐升高,但是到 S67 以及 TK642 油水界面深度增加,而且 S67 与 TK642 单元的界面基本相当(表 3-14,图 3-13、图 3-14)。

8 区从西到东油水界面有两次上升的区域,从 TK829 到 TK828 以及 S91,油水界面有上升趋势,再从 TK742 到 TK824 又有一次界面升高的变化(表 3-15,图 3-15)。

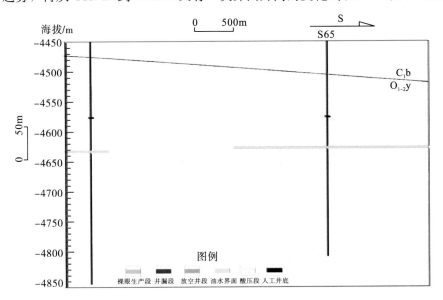

图 3-12　4 区 T416-S65 原始油水界面分布剖面图

这特征表明,统一连通缝洞体可以有一个油水界面,也可以存在多个油水界面。油水界面的分布局部上来讲不受构造高低的制约,这种特征与缝洞体发育的不均规则性及在油气运聚过程中的方向、排流点分布、配置关系、油气的多次充注等有关。

表 3-14 6 区油水界面数据汇总表

缝洞单元	井名	产层段		实钻/试油	区域压力梯度法/m	单井压力梯度法/m	备注
		顶深/m	底深/m				
S67	S67	5465.3	5519.0		5760	5761.164	油层
	TK604	5502.0	5549.8		5640		
S66	TK627H	5602.5	5881.4(斜深)			5649.814	油层
	TK628	5506.0	5569.0			5704.498	油层
	S74	5484.0	5496.0		5680	5686.337	油层
S74	TK609	5464.0	5484.5				
	TK652	5460.0	5670.0	5700			
TK603	TK603	5489.0	5518.1			5756.996	油层
	TK620	5467.0	5511.1				油水同层
TK611	TK614	5502.9	5585.0		5613		油水同层
	TK646CH						水层
TK642	TK642	5573.0	5747.0	5747			

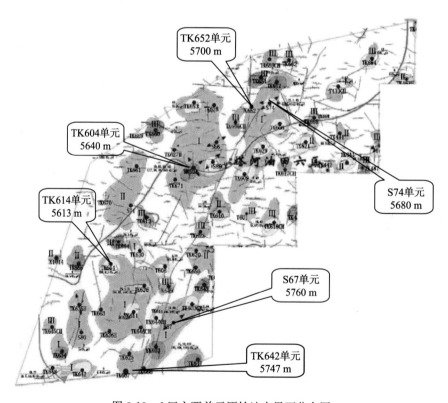

图 3-13 6 区主要单元原始油水界面分布图

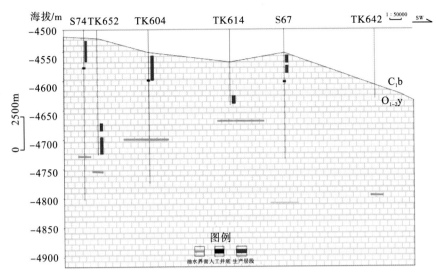

图 3-14　6 区原始油水界面分布剖面图

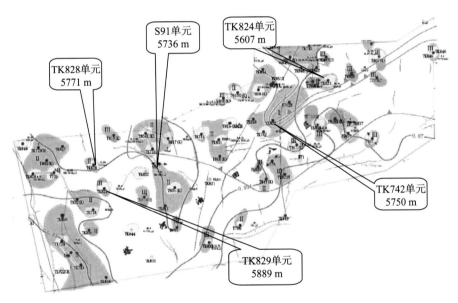

图 3-15　8 区主要单元原始油水界面分布图

表 3-15　8 区油水界面数据汇总表

缝洞单元	井名	产层段		实钻/试油	测井解释 /m	单井压力 梯度法/m	备注
		顶深/m	底深/m				
TK828	TK828	5627.0	5771.0	5771			油水同层
TK829	TK829	5691.0	5889.0	5889			
TK719	T705	5597.0	5878.0			5932.66	油层
S91	T817K	5644.0	5736.0	5736			油水同层
TK719	TK719	5620.0	5960.0			5925.60	水层

缝洞单元	井名	产层段		实钻/试油	测井解释 /m	单井压力 梯度法/m	备注
		顶深/m	底深/m				
T814K	T814K	5587.0	5670.0			5984.18	油层
TK845	TK845CH	5723.8	5729.7		5547.25		油水同层
TK742	TK742	5487.0	5750.0	5750	5681.35		
TK824	TK824	5576.0	5607.0	5607			

3.2.2 缝洞单元流体的分布形式

由于碳酸盐岩油藏的缝洞结构复杂，导致在成藏过程中流体分布具有多样性的特征。其一是一口井钻遇多套缝洞储层时，需要考虑垂向上这些缝洞是否连通，垂向连通性直接影响该井揭开的是否为同一个缝洞单元，还是多个缝洞单元在垂向上的叠合；其二是成藏油气充注过程中排水不彻底，在缝洞的低洼地带保留有残存的水体，这些水体的存在必然为油水界面位置、油水分布的描述增大了多解性，因此一定要考虑单井产水的特点是否具有残留水体的特征。因此在缝洞单元流体分布形式问题上需要考虑以下几个方面。

(1)单井垂向上多套产层是否同属于一个缝洞单元，还是多个缝洞体的叠合。

(2)判断缝洞单元(或井区)是否存在残留水体。

(3)缝洞单元是否存在相对统一的底水或边水。

(4)是否有深远的水体供给。

(5)是否有上部混源水体。

(6)水体能量、水质特征在单元内的变化情况。

该方法称为地质－测井－流体－动态特征综合研究缝洞体油水分布形式法。即地质层面上先研究单井垂向上的分布，是否和多元或单一缝洞单元重合；其次通过测井曲线研究缝洞单元中的流体情况，包括：水体的残留与否、边底水的存在与否、水体的供给来源以及混源水的存在情况；最后通过研究水体能量、水质等动态特征来准确获得缝洞单元内的油水分布变化特征情况。

3.2.2.1 单一缝洞单元油水共存形式

1. TK404 单井单元——双层洞产出型具有残留水体及混源水

TK404井位于4区东北部，1999年1月1日开钻，1999年5月17日完钻，完钻井深5612.7 m，人工井底5480 m。1999年6月11日对5416~5420 m和5428~5432 m射孔，7月27日实行酸压，酸压取得了明显效果，于7月29日投产，生产初期为纯油产出。2000年3月30日开始见水，产量和油压都下降明显，后停喷。以下是TK404井的综合解释剖面图(图3-16)，从图中看到，录井和测井解释该井有两段泥岩充填的缝洞储集体发育段，分别位于 5414～5420 m 和 5428～5432.5 m 两段，两段相距 8 m。

该井于 2003 年 4 月 29 日进行 PND 测井，解释结果 5414～5420 m 为含油水层，5428.5～5434 m 为水层，下部射孔段已完全水淹，上部射孔段还有一定的剩余油。为封堵 5428.5～5434 m 水层，于 2003 年 7 月 1 日至 7 月 6 日填砂倒灰至 5422.95 m 封堵下部水层，然后对 5414～5420 m 机抽生产，含水率明显下降，堵水前日产水最高为 400 m³/d，堵水后降为 20 m³/d，后期缓慢上升，最高为 100 m³/d 左右，日产油量也由堵水前的 1～15 m³/d 增加到年底的 30 m³ 左右。从堵水早期的产量情况来看，堵水取得了一定的效果。为此，对 TK404 井水样离子含量情况进行了分析。由于该井为酸压投产井，且进行了堵水，而酸压、堵水等措施势必对地层水带来一定的影响，在一定时间内会影响地层水的成分分析，因此，选取距离酸压以及堵水生产一年的水样分析数据，在最大程度上排除酸液以及堵水带来的影响。

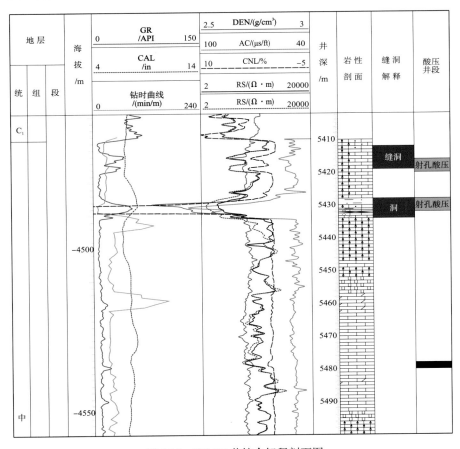

图 3-16　TK404 井综合解释剖面图

该井堵水前主要为下部储集体产水，其中可能混合有少量上部储集体产出的水，堵水后主要是上部产水。从表 3-16 取样分析数据可以看出，堵水前后水离子分析结果差别明显。上部 5414.5～5420 m 取样水体的密度小于下部水样的密度，下部水体的 pH、矿化度、Cl^-、$Na^+ + K^+$、Ca^{2+}、Br^- 等离子浓度也和上部水体存在明显的差别。虽然上部和下部相隔不远，但离子成分却有所区别，说明上下两个产水部位可能不是来自一个水体。上部产水段离风化壳仅有 5 m，为此，把该井上、下部水的离子成分和石炭系以及本层水样进行了对比，对比后发现，TK404 井上部水离子成分和风化壳上部的石炭系水样成分相近，如图 3-17、图 3-18、图 3-19 所示。因此可以判断，上部产水层由于离风化壳近，上部石炭系地层水沿着风化壳上的破碎带侵入，受石炭系水的影响，TK404 上部水体在成分上和石炭系相近。

表 3-16　TK404 水样离子含量分析数据表

取样日期	取样位置 /m	水密度 /(g/cm³)	pH	总矿化度 /(mg/L)	Cl^- /(mg/L)	SO_4^{2-} /(mg/L)	HCO_3^- /(mg/L)	Na^++K^+ /(mg/L)	Ca^{2+} /(mg/L)	Br^- /(mg/L)	I^- /(mg/L)
2000-11-23	5428.5～5434	1.159	5.5	189188.6	115831	267	554.06	59763.33	11517.8	133	6.67
2001-12-14	5428.5～5434	1.16	5.5	228968.6	140159	150	210.52	75352.89	11989.1	160	8
2004-05-16	5414.5～5420	1.155	6.0	231701.5	141745	200	163.00	76187.37	12343.2	220	8
2004-11-06	5414.5～5420	1.156	6.4	235355.5	143841	200	201.15	77438.47	12710.9	300	7
2005-04-15	5414.5～5420	1.155	6.3	234217.6	143253	250	200.63	77077.98	12557.6	120	6
2005-10-14	5414.5～5420	1.160	6.4	231654.7	141778	200	181.50	75822.64	12571.7	200	6

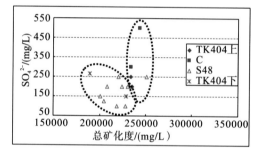

图 3-17　矿化度—SO_4^{2-} 离子对比图

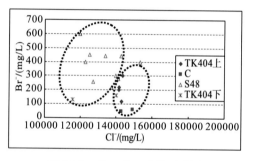

图 3-18　Cl^-—Br^- 离子对比图

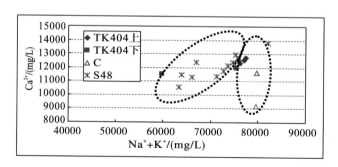

图 3-19　Na^++K^+—Ca^{2+} 离子对比图

从该井的生产特征看(图 3-20)，初期产量高，但见水后含水率上升快，随着含水率的增加产量递减迅速。停喷机抽后日产油从 500～600 m³/d 下降到 15 m³/d，日产水量达到 300～400 m³/d。从这一过程看，该井显示能量充足，缝洞储集体应该有一定的规模。后期于 5422.95 m 封堵下部水层后，实际的产层段只有上部 5414～5420 m 这段缝洞储集体，堵水见效，压力和日产油量都有所增加，但平均日产原油只有 30 m³ 左右，日产水较初期有了明显的降低，平均在 80 m³ 左右。

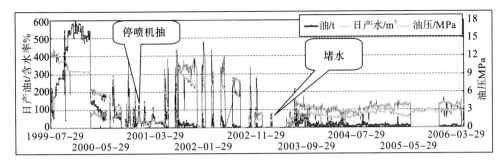

图 3-20　TK404 生产曲线

结合前面的缝洞识别及水分析可知，由于该井为一个封闭的单井缝洞单元，从生产特征上分析，生产初期产量明显较堵水后高，由于该井为上下两层缝洞体产水，则可认为下部缝洞储集体能量高于上部，上部缝洞体可能还受上部石炭系水体侵入的影响，在性质上和石炭系水性质有相近之处。在地震剖面上可以看到（图 3-21），TK404 井旁有一串珠状的异常体，有一定的规模，从该异常体所处的位置来看，分析认为是下部缝洞体，由于上部缝洞体属于表层缝洞储集体，在剖面上并不明显。图 3-22 为该井的油水分布形式。

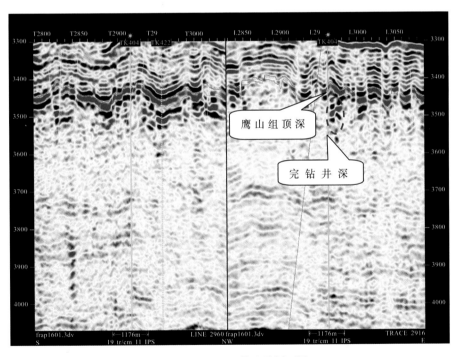

图 3-21　TK404 井地震剖面图

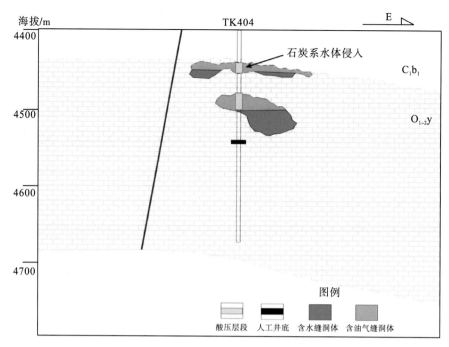

图 3-22　TK404 井油水分布形式图

　　总体来看，该井垂向上的两套缝洞段并不连通，分属于两个相对独立的缝洞单元，各自有水体分布水质差异显示，说明由于井区的缝洞发育程度低、连通范围小相对封闭，在成藏期油气充注时排水不彻底，在下部缝洞段有残留水体存在，上部水体是石炭混源的影响作用，因此这一单井单元有双层缝洞产出，既有参与水体也有混源水影响。

2. T701 单井单元－双层洞缝产出型具有残存水体

　　这类油水分布形式剖面上表现为上部为油洞下部为水洞，生产特征表现为初期水产量较大，含水率较高，后期产油量、产水量、油压和套压都呈现出下降趋势，表明地层能量不足，表现为定容体特征。

　　该井在 5652.98～5655.5 m、5691～5693.5 m 发生钻具放空现象，已有研究表明该井附近断裂不发育，与周围井区的联系较差，因此该井可能是局部定容体。

　　2001 年 8 月 28 日 14：00 开井求产，在 7 mm×20 mm 的工作制度下，至 9 月 6 日 14：00，折算日产油从 349.8 m³ 降至 52.52 m³，含水由 5% 升至 49%。求产测试期间最高含水率已达 50.0% 以上，在求产测试的 10 天内，共产液 1580 m³，产气 193000 m³。9 月 7 日停产修井。

　　该井分别在 2001 年 9 月 28 日和 2002 年 5 月 19～20 日进行了两次生产测井，测井结果如表 3-17、表 3-18。

表 3-17　T701 井第一次生产测井解释成果表（2001 年 9 月 28 日）

层位	产液段/m	井温/℃	压力/MPa	产水量/(m³/d)	产油量/(m³/d)	产气量/(m³/d)	相对产液量/%
$O_{1-2}y$	5649~5654.5	118.5~118.6	51.24~51.28	1.0	159	29277	75.69
$O_{1-2}y$	5685~5691.5	121.7~120.8	51.61~51.69	77.0	0	0	24.31

表 3-18　T701 井第二次生产测井解释成果表（2002 年 5 月 19~20 日）

地层	产液井段/m	井温/℃	压力/MPa	水产量/(m³/d)	油产量/(m³/d)	相对产液量/%
$O_{1-2}y$	5649.0~5654.5	124.7	54.01	0.026	76.14	91.41
$O_{1-2}y$	5685.0~5691.5	128.2	54.38	7.22	0	8.59

　　根据两次生产测井结果，结合录井、测井资料，认为该井的油、水产出分别来自两个不同的层位，原油主要来自于上部 5649~5654.5 m 层段，而水主要来自下部 5685~5691.5 m 层段，两层相距 30 m，具有上油下水的特点。同时两次产液剖面对比发现下部产水段的供液能力在不到一年的时间大大降低，产水量从 77 m³ 降到 7.22 m³，反映下部的水体小能量有限，属于残留水体(图 3-23)。采油曲线上看出(图 3-24)，投产的第一年中产水量有下降的趋势，这与两次生产测井解释的下部水层供液下降也是一致的，但是自 2001 年 10 月其产水量有所上升而且产量稳定，反映出此时地层供水能力有所改变，这部分水应该不是来自下部的产水层段，从 T701 井的水驱曲线和水质资料可以看出，这一阶段的水质与投产初期的水质有明显差异，可以推测后期产水来自早期上部产油层段变为油水同产的结果。同时前后产水水质差异也说明，上部的产油层段存在残留水体，并与下部水层不连通。

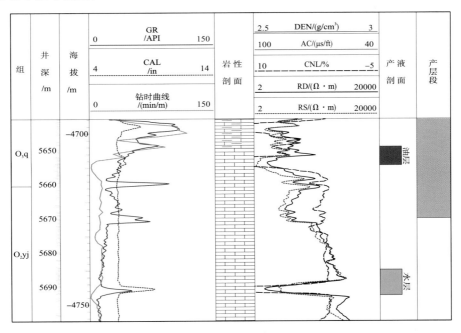

图 3-23　T701 井综合解释图

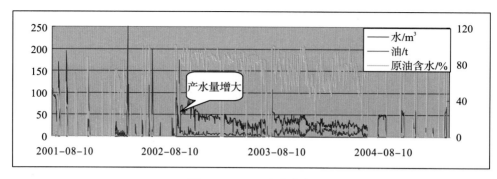

图 3-24　T701 生产曲线

该井的油水分布形式见图 3-25。总体看来，该井属于双层缝洞产出，同时上部有残留水体，下部水体小、能量有限。

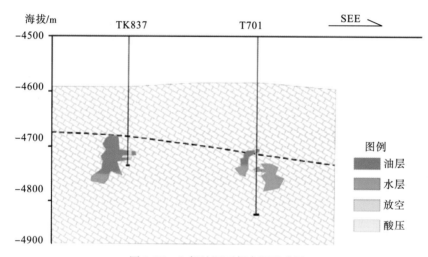

图 3-25　上部油洞下部水洞形式图

此外，T704、T706 等井也具有这类形式。该形式的井主要分布在构造低部位，储集体连通性差，表现为单井定容体。

3. T807 单井单元-单层缝洞产出型水洞

这类形式的特征为钻井过程中发生放空，证实有洞穴的存在，测井解释及生产测试验均证实为水层，生产过程中基本无油气产出，表明是典型的水洞。T807 井是这类井的典型井。

该井 2003 年 11 月 22 日钻至井深 5696.98 m 钻遇放空，并发生严重漏失，共漏失 1.11 g/cm³ 的泥浆 322 m³；漏失 1.10 g/cm³ 的油田水 57 m³；漏失 1.02 g/cm³ 的地表水 1678 m³，快钻时井段近 43 m，累计放空 10.15 m，放空井段 5697.5～5701 m、5704～5706.61 m、5717.5～5721.12 m、5730.58～5731 m，这与地震时间偏移剖面（图 3-26）上显示有一"串珠状反射"异常体吻合，2003 年 11 月 28 日钻进至 5870 m 完钻。

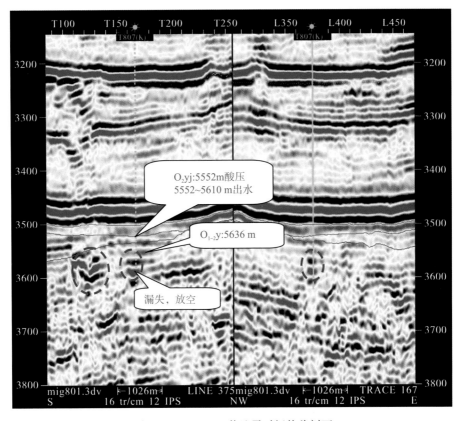

图 3-26　T807(K)井地震时间偏移剖面

2003 年 12 月 8 日～2004 年 1 月 11 日对 5537.11～5870.00 m 裸眼井段进行了完井施工作业，12 月 13 日正替轻质油 28 m³ 诱喷，井口累计排液 21 m³ 后不出。

2004 年 1 月 16 日取水样进行全分析，分析结果如下：密度 1.129 g/cm³，pH 6.2，Cl^- 121619.02 mg/L，总矿化度 198960.51 mg/L，水为氯化钙型水，是塔河油田地层水，本层试油结论：水层。

前述试油结果表明该井下部放空井段为一水洞，鉴于此，该井于 2004 年 3 月 24 日～4 月 21 日，打水泥塞至 5610 m，对该井 5537.11～5610 m 井段，进行酸压作业。酸压施工分析表明，施工过程中没有明显破裂显示，未能沟通有效储集体。

表 3-19 是该井 2 个层段 4 个样品的水样分析数据，从中不难看出，两个层段产出地层水密度 SO_4^{2-}、Br^- 等有较大的差别，这表明两个层段的水体分属于不同的水体。

综合分析测井综合解释图、测试、测井等资料，表明该井纵向上有两个水层段(图 3-27)。

该井于 2005 年 1 月 9 日开井对奥陶系上部 5537.11～5610 m 酸压段生产(图 3-28)，1 月 17 日该井突然见水，日产油量急剧减小，当天产油量仅有 1.3 m³，产水 33.82 m³。1 月 24 日日产油量已经降为 0，此后该井间断开井，每次开井生产其含水率都为 100%；但日产水量不高，只有 30 m³，后因高含水关井。该井共生产原油 184.3 m³，产水 669.78 m³。

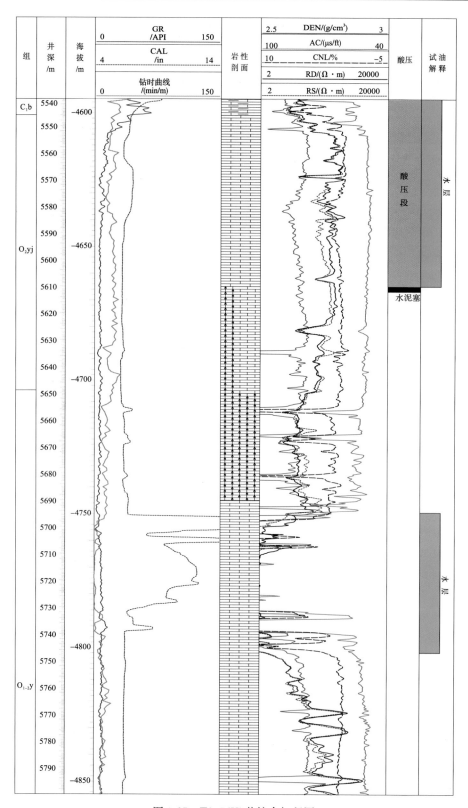

图 3-27　T807(K)井综合解释图

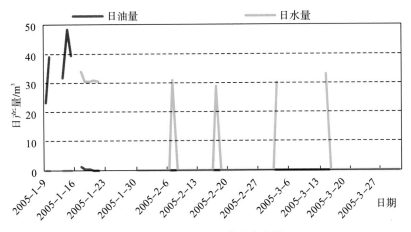

图 3-28 T807(K)井生产曲线

表 3-19 T807(K)井地层水样分析数据统计表

取样层段/m	层位	取样日期	密度/(g/cm³)	pH	总矿化度/(mg/L)	Cl⁻/(mg/L)	SO₄²⁻/(mg/L)	HCO₃⁻/(mg/L)	Na⁺+K⁺/(mg/L)	Ca²⁺/(mg/L)	Mg²⁺/(mg/L)	Br⁻/(mg/L)	I⁻/(mg/L)	水型
5537~5610	O_2yj	2004-04-14	1.139	6.3	193790	120448	300	2139	28925	42027	1017	160	4	$CaCl_2$
5537~5610	O_2yj	2005-02-10	1.135	5.9	199077	121732	300	349	64400	11356	948	160	6	$CaCl_2$
5537~5610	O_2yj	2005-01-31	1.134	6.0	197601	120904	300	370	63512	11461	1074	160	5	$CaCl_2$
5655~5870	$O_{1-2}y$	2004-01-16	1.129	6.2	198961	121619	500	206	64405	11206	1019	100	8	$CaCl_2$

由于其产水量和产油量都很小，酸压表明未沟通有效储集体，地震时间偏移剖面上 T_7^4 面附近并没有看到"串珠状"反射异常体，综合分析认为该井下部为一大型水洞，上部酸压段为风化裂隙带。

已有研究表明该井与周围邻井不连通，为单井控制的缝洞体，结合水分析资料，认为该井奥陶系顶面附近酸压段与下部水层不属于同一水体，而且上部水层是酸压的结果，因此该井油水分布形式为单一水洞形式(图 3-29)。

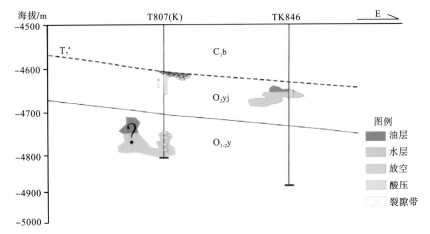

图 3-29 单一水洞形式图

　　8区几个钻遇水洞的井TK832、TK844、TK818CH等井基本都是这类形式,这些井主要是孤立水洞,形成这种局部孤立水体的主要原因是这些井区断裂不发育,所处构造位置较低,缝洞系统相对封闭,后期原油没有充注,或者充注不完全所致。

　　这里值得指出的是,由于缝洞体的不规则性,水洞顶部有可能存在一定体积的原油,但由于对该水洞封堵,无法确定其真实性。这里不妨采用"排水找油"理论,对该水洞排水以证实是否有原油的存在。

4. T808(K)单井单元－双层洞缝产出型水洞

　　该类形式的特征是钻井过程中发生放空、漏失等现象,测井及测试解释均为水层,并由生产资料证实该两层洞均为水洞。单井剖面上表现为纵向上发育两层水洞。T808(K)井就是这类形式的典型井。

　　T808(K)井在钻井过程中5690~5707.86 m,5735~5796.64 m井段发生漏失现象,并在5763.51~5793.0 m放空。在过该井的地震时间偏移剖面(图3-30)上可以看到该井

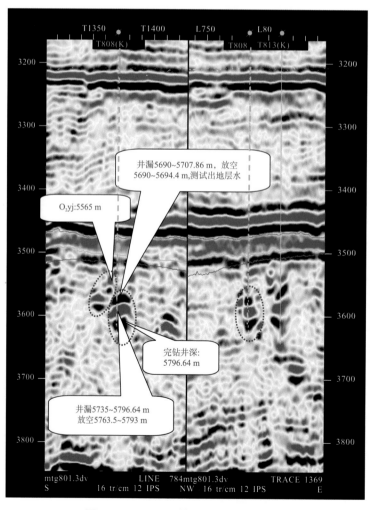

图3-30　T808(K)井地震时间偏移剖面

钻遇"串珠状反射"异常体，已有研究表明，这类串珠状反射很可能就是缝洞体的反射特征。2003 年 11 月 26 日对 5519.64～5707.86 m 井段测试，结果表明该井段为"水层"。2003 年 11 月 28 日～29 日对该井 5519.64～5796.64 m 井段进行了第二次原钻具求产测试作业，测试结果表明该段为"水层"。2004 年 2 月 3 日对该井 5562～5610 m 井段进行了酸压施工，排液情况及测试水样表明该层为"水层"。综合测井资料分析，本井纵向上共有三个水层段，如图 3-31 所示。

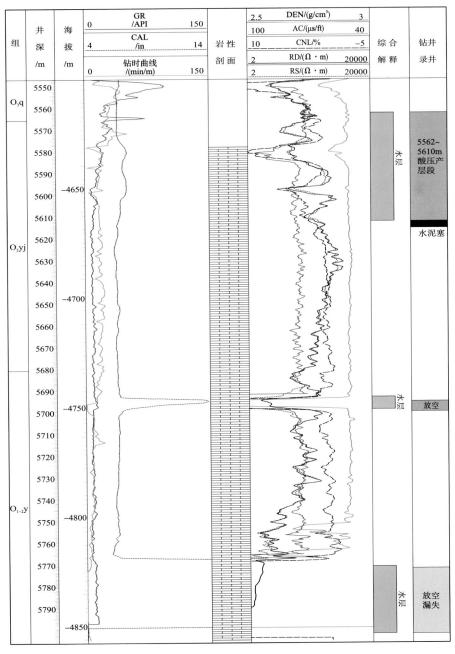

图 3-31　T808(K)井综合解释图

表 3-20　T808(K)井地层水样分析数据统计表

取样日期	取样位置 /m	层位	pH	水密度 /(g/cm³)	总矿化度 /(mg/L)	Cl⁻ /(mg/L)	SO₄²⁻ /(mg/L)	HCO₃⁻ /(mg/L)	Na⁺+K⁺ /(mg/L)	Ca²⁺ /(mg/L)	Mg²⁺ /(mg/L)	Br⁻ /(mg/L)	I⁻ /(mg/L)	水型
2003-11-29	5690~5694.4	O₁₋₂y	6.0	1.114	169152	103296	600	330	54139	9793	1071	80	8	CaCl₂
2003-11-29	5690~5694.4	O₁₋₂y	6.0	1.114	170291	103900	600	341	54477	10197	857	80	10	CaCl₂
2003-11-29	5690~5694.4	O₁₋₂y	6.0	1.116	173687	105913	600	337	55781	10399	735	80	11	CaCl₂
2003-12-04	5763.5~5796	O₁₋₂y	6.0	1.108	160928	97859	1000	370	51920	8885	1041	30	8	CaCl₂
2003-12-04	5763.5~5796	O₁₋₂y	6.0	1.107	160318	97456	1000	370	51775	8885	979	30	8	CaCl₂
2003-12-06	5763.5~5796	O₁₋₂y	6.5	1.107	161960	98664	800	345	52279	8986	1010	40	8	CaCl₂
2004-02-09	5562~5610	O₂yj	6.0	1.118	174430	106829	400	530	52530	13261	1019	120	6	CaCl₂

　　本次研究收集了三个层段 7 个水样的分析结果（表 3-20），由表可见，三个层段的水样密度、矿化度、各类离子含量均有显著差别，各层段地层水样的离子关系图（图 3-32、图 3-33、图 3-34、图 3-35、图 3-36）也有较大区别，这表明这三个层段的水不属于同一个水体。

　　图 3-33～图 3-34 已经分析了上部地层水、中部地层水及下部地层水的离子关系。结果表明，上部产水层段由于离古风化壳较近可能会受到石炭系地层水下渗的影响。中部层段水性质与塔河油田奥陶系地层水性质相同，为局部残留水。下部层段水性质明显区别于中上部层段水性质，其含硫量有了明显增大，推测认为该层水可能受寒武系热液影响。

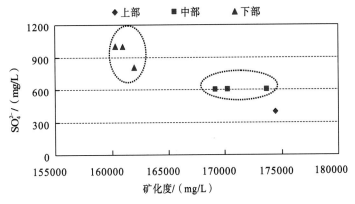

图 3-32　地层水矿化度与 SO_4^{2-} 关系图

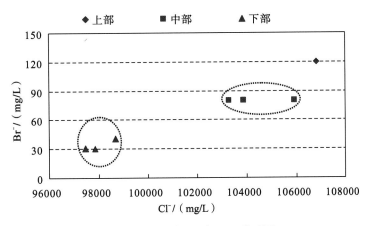

图 3-33　地层水 Cl^- 与 Br^- 关系图

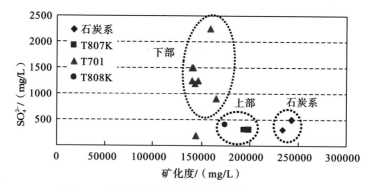

图 3-34　部分井上部地层水矿化度与 SO_4^{2-} 关系图

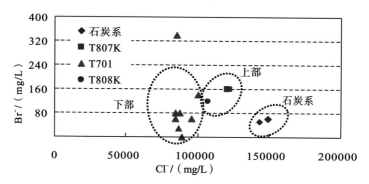

图 3-35　部分井上部地层水 Cl^- 与 Br^- 关系图

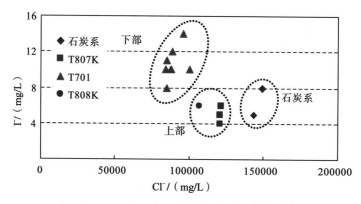

图 3-36　部分井上部地层水 Cl^- 与 I^- 关系图

　　该井生产特征(图 3-37)表明该井上部酸压层段日产液量很低,并呈迅速下降趋势,表明该段地层能量很有限,为风化破碎带来残存的流体,这个破碎带还不能称之为"缝洞体"。

　　以上地质、地震、测井、生成特征等方面的综合分析,表明该井是双层水洞形式(图 3-38)。

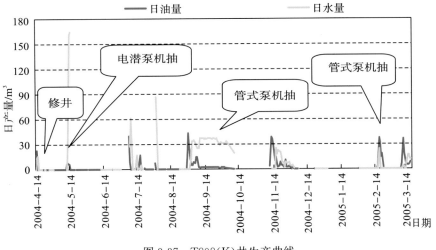

图 3-37　T808(K)井生产曲线

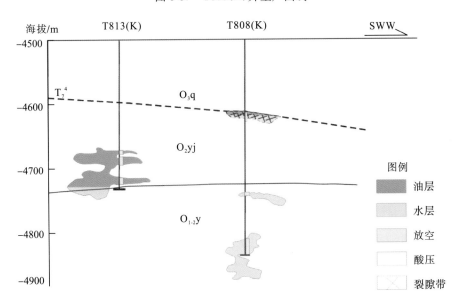

图 3-38　双层水洞形式图

3.2.2.2　复杂缝洞单元油水共存形式

1. S48 单元－双层缝洞产出型具有底水

1)S48 井生产特征及油水分布形式分析

S48 井是在艾协克 2 号构造上钻的第一口探井。1997 年 5 月 28 日开钻，同年 10 月 17 日完钻，完钻井深 5370 m。该井在钻入奥陶系顶部 5363.5～5370 m 井段发生大量漏失，共漏失泥浆及油田水约 2318.8 m³，并具放空现象，放空井段 5364.26～5365.76 m (1.5 m)，如图 3-39 所示。

该井钻至 5363.5～5370 m 发生放空，无测井曲线，通过录井、地震资料识别，该井 5363.5～5370 m 为一缝洞体(图 3-39)。S48 井于 2000 年 8 月底开始产水，含水率缓慢上升。由于该井揭开奥陶系顶为 5363 m，产层段 5363～5370 m 距离奥陶系顶为 0，水体的来源有可能是上部石炭系的水源，为搞清楚水体到底是上部石炭系还是来自本层奥陶系，本次研究收集了 S48 井的水样分析资料，把石炭系水样和该井进行了对比分析。以下是 S48 井的水分析数据(表 3-21)，取样段为 5363.5～5370 m。

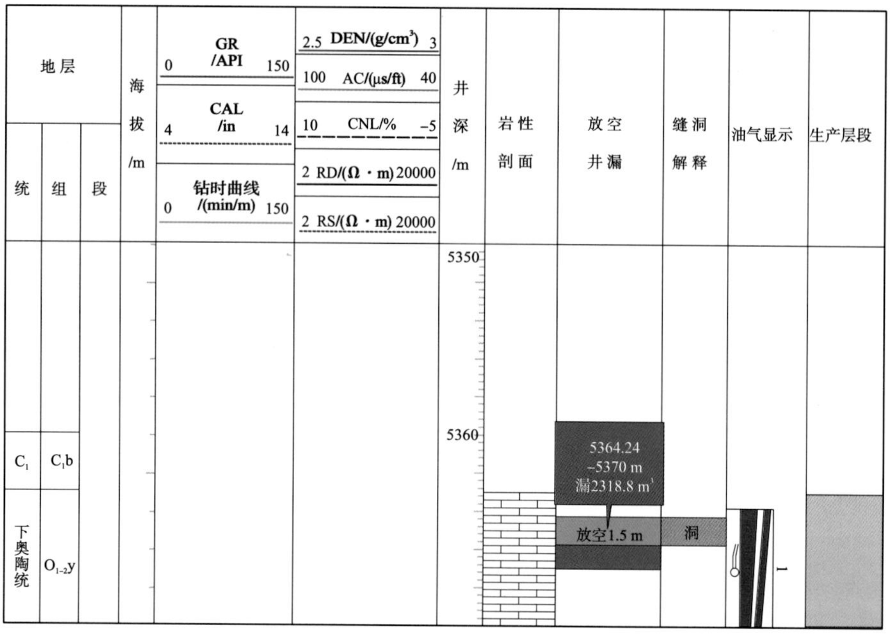

地层
统
组
段
海拔/m
GR/API 0 150
CAL/in 4 14
钻时曲线/(min/m) 0 150
2.5 DEN/(g/cm³) 3
100 AC/(μs/ft) 40
10 CNL/% −5
2 RD/(Ω · m) 20000
2 RS/(Ω · m) 20000
井深/m
岩性剖面
放空井漏
缝洞解释
油气显示
生产层段
5350
5360
C1
C1b
下奥陶统
O1-2y
5364.24
−5370 m
漏2318.8 m³
放空1.5 m
洞
1

图 3-39 S48 井综合解释剖面图

从离子关系图(图 3-40、图 3-41、图 3-42、图 3-43)可以看出，S48 井产的水与上部石炭系的水成分差别大而与同层水性质相似，所以水体不属于上部石炭系，应该来自奥陶系本层地层水。

从生产特征来看(图 3-44)，自 1997 年 10 月 27 日投产后，该井一直无水自喷，日产油最高达到 600 m^3/d，2000 年 8 月 23 日产水后，日产油量和油压随着水的产出下降明显，后一直油水同出，日产水量基本稳定在 40～50 m^3/d 和日产油量基本相当，一直到 2005 年 11 月停喷开始机抽。

600
500
400
300
200
100
0
SO_4^{2-}/(mg/L)
S48井
石炭
50000 100000 150000 200000 250000 300000 350000
总矿化度/(mg/L)

图 3-40 总矿化度-SO_4^{2-} 关系图

700
600
500
400
300
200
100
0
Br^-/(mg/L)
S48
石炭
50000 100000 150000 200000
Cl^-/(mg/L)

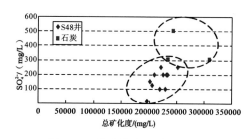

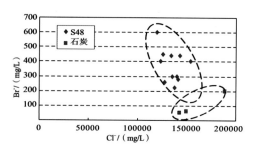

图 3-41 Cl^--Br^- 关系图

表 3-21　S48 水样离子分析数据

分析日期	密度 /(g/cm³)	pH	总矿化度 /(g/cm³)	Cl⁻ /(g/cm³)	SO₄²⁻ /(g/cm³)	HCO₃⁻ /(g/cm³)	Na⁺+K⁺ /(g/cm³)	Ca²⁺ /(g/cm³)	Mg²⁺ /(g/cm³)	Br⁻ /(g/cm³)	I⁻ /(g/cm³)
2001-01-02	1.132	5	195462.3	119689.13	15	109.84	63324.61	10564.69	1115.98	600	8
2001-03-27	1.144	5	204745.9	125423.52	125	67.12	66166.67	11311.58	1164.58	450	10
2001-11-11	1.149	5	200478.1	122914.01	150	161.7	63999.99	11498.75	1352.66	400	8
2002-03-31	1.16	5.5	233091.4	142828.05	200	92.5	75173.31	12923.19	1427.59	440	8
2003-02-19	1.155	6	208251.1	127468.88	200	98.81	67060.92	12408.77	794.12	260	9
2003-05-13	1.169	6.5	251232.7	153619.74	250	154.87	82072.67	13802.77	1002.05	400	8
2003-08-13	1.146	5.5	228586.6	139958.02	100	165.26	74748.66	12362.68	1027.59	300	7
2003-11-08	1.113	5.2	218938.4	134180.02	100	159.92	71291.6	11349.09	1487.74	440	10
2004-05-16	1.148	5.8	224940.5	137631.08	200	210.54	73633.62	12175.3	967.26	220	8
2004-11-05	1.152	6.0	231178.7	141381.69	200	131.9	75767.35	12655.26	818.42	280	10
2006-04-11	1.152	6.1	220801.5	134847.19	250	275.12	72732.35	11753.94	770.41	300	10

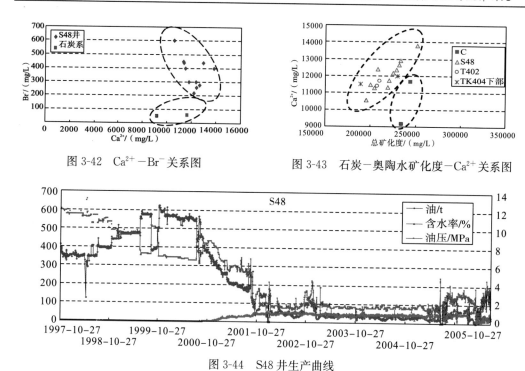

图 3-42　$Ca^{2+}-Br^-$ 关系图　　　　　　图 3-43　石炭—奥陶水矿化度—Ca^{2+} 关系图

图 3-44　S48 井生产曲线

　　该井一直保持高产稳产，自喷时间长，无水期也较长，压力稳定，属含水率缓慢上升型，显示了油藏能量供给能力充足。结合缝洞的识别成果，证实该井储集层缝洞发育，为单层缝洞体出水，水体未受上部石炭系的影响。从水驱曲线（图 3-45）上看出，S48 井只有一个直线段水驱状态稳定，说明水体大、能量稳定。

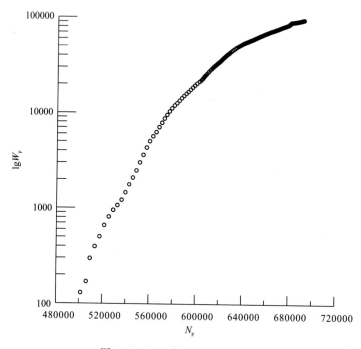

图 3-45　S48 井甲型水驱曲线图

2)T402 井生产特征及油水分布形式分析

T402 井于 1998 年 4 月 25 日开钻,同年 9 月 30 日完钻,完钻井深 5602 m。四开钻至下奥陶统井段见到好的油气显示,发生溢流及井漏。于 1998 年 9 月 17 日至 9 月 22 日对下奥陶统裸眼井段 5358.09~5412.84 m 进行中途测试,用 9.53 mm 油嘴,折算日产油 350.8 m³,天然气 9860 m³,至井深 5602 m 终孔。见图 3-46 综合解释剖面图。为了解目的层段各小层产液性质,2000 年 2 月 29 日~3 月 1 日进行生产测井,生产测井结论见表 3-22。

表 3-22　T402 井生产测井解释成果(2000-03-01)

层号	产液井段/m	厚度/m	产油/(m³/d)	产水/(m³/d)	产气/(m³/d)	相对产液量/%
1	5362.5~5393.5	31.0	18.56	0.006	612.64	47.72
2	5396.5~5447.5	51.0	2.03	0.006	67.09	5.23
3	5448.0~5468.0	20.0	5.40	5.990	178.27	28.10
4	5492.0~5530.5	38.5	0.00	0.210	0.00	0.48
5	5534.5 以下	—	0.00	7.790	0.00	18.47
总液量			26.00	14.000	858.00	100.00

测试结果显示:该井主要产层段有三段,第一段为 5362.5~5393.5 m,基本以产纯油为主;第二段为 5448.0~5468.0 m,油水同出;第三段为 5534.5~5602 m,水层。

2001 年 5 月 10 该井停喷,5 月 19 日开始机抽生产。到 2001 年 10 月产出接近全水,产水 35.0 m³/d 左右,油 0.7 m³/d 左右。因此,该井于 10 月 7 日停抽修井,投砂、倒灰堵水,灰面 5391.64 m。后对 5352.91~5391.64 m 机抽和自喷同时生产,日产油 66.0 m³/d 左右,水 18.0 m³/d 左右,原油含水 22.0% 左右,说明堵水见到一定效果。又于 2002 年 6 月 29 日进行了第 2 次生产测井(表 3-23)。

表 3-23　T402 井生产测井解释成果(2002-06-29)

层号	深度/m	地面油产量/(m³/d)	地面气产量/(m³/d)	地面水产量/(m³/d)	相对产量/%
1	5364.3~5373.1	9.95	1263.77	0.00	49.7
2	5373.4~5376.0	2.46	312.56	4.23	28.1
3	5376.2 以下	0.00	0.00	5.97	22.2
合计		12.41	1576.33	10.2	100.0

根据该井产液剖面测井原始资料的计算机处理结果,参考点测资料以及地质录井、常规测井等结论,对该井进行了综合分析。主要分为三段:第一段为 5364.3~5373.1 m,主要产油段,产量占全井的 49.7%;第二段为 5373.4~5376.0 m,次要产出段,油水同层;第三段为 5376.2~5391.64 m,水层。在这个产层中,上部产油和气,中部油水同出,下部产水。产层段与缝洞发育段对应良好。

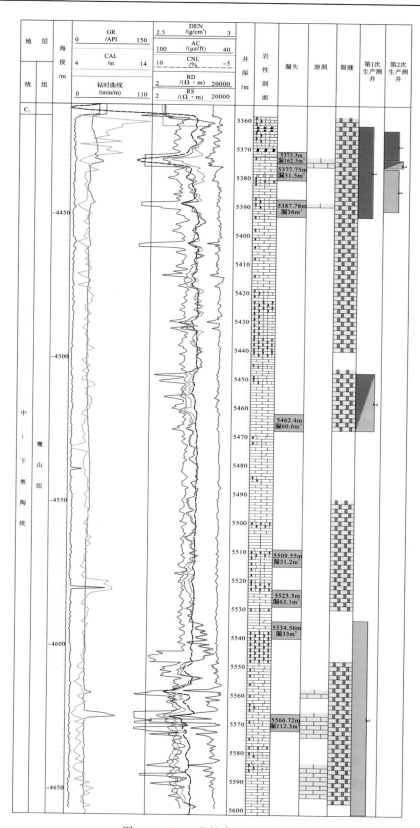

图 3-46　T402 井综合解释剖面图

　　该井堵水后，生产层段为 5364.3~5391.64 m，即为第一次生产测井的第一产纯油段，和该井上部缝洞体对应较好，因此可以认为，主要是上部缝洞储集体产水。因此，通过两次生产测井情况和缝洞体发育情况，可以把产水段分为两段，即上部产水段5364.3~5391.64 m 和下部产水段 5448.0~5602 m。把下部产水水样和上部产水水样进行了对比，发现两层水样离子存在差别。如表 3-24 所示。

　　通过从以上 T402 井上下部离子对比以及与石炭系、本层水对比可知(图 3-47~图 3-50)，该井上、下部水的性质有差别，水体来源应该有所不同。上部水体和石炭系水成分有所区别，和同层水性质相似，认为不是来自上部石炭系的水，应该是同层的水体。

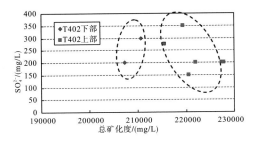

图 3-47　上、下部总矿化度—SO_4^{2-} 离子对比

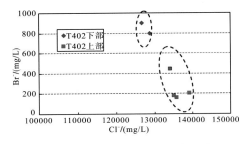

图 3-48　上、下部 Cl^-—Br^- 离子对比

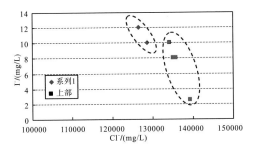

图 3-49　上、下部 Cl^-—I^- 离子对比图

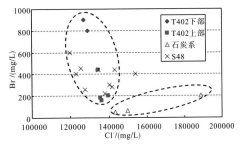

图 3-50　石炭—奥陶水 Cl^-—Br^- 离子对比

　　从该井的生产情况来看(图 3-51)，1998 年 12 月 14 日开井生产，产量较大，日产原油 243 m³，不含水。1999 年 3 月 28 日见水，随着含水率的上升，产量下降较快，到1999 年底，日产原油下降到 75 m³，含水增加到 29%。2001 年 5 月 10 日该井基本停喷，5 月 19 日开始机抽生产，机抽前期总产液量为 80 m³/d 左右，原油含水 30% 左右。到2001 年 10 月产出接近全水，产水 35.0 m³/d 左右，油 0.7 m³/d 左右。2001 年 10 月 22日堵水自喷生产后，产油 66.0 m³/d 左右，水 18.0 m³/d 左右，原油含水 22.0% 左右，说明堵水取得了一定的成效。后来含水率又一次逐渐升高，到 2002 年 6 月 24 日，已经升至 42.6%。以后该井日产油量基本只有 10 m³/d 左右，日产水平均在 60 m³/d 左右，最后水淹关井。从该井的生产特征来看，该井自然投产，无水期短，初期产量大，见水后含水率上升快，产量迅速下降，后期产量低。说明该井有一定的产能，但能量有限。

表 3-24 T402 水样分析数据

取样深度/m	分析日期	密度/(g/cm³)	pH	总矿化度/(mg/L)	Cl⁻/(mg/L)	SO₄²⁻/(mg/L)	HCO₃⁻/(mg/L)	Na⁺+K⁺/(mg/L)	Ca²⁺/(mg/L)	Mg²⁺/(mg/L)	Br⁻/(mg/L)	I⁻/(mg/L)
5602	1999-04-09	1.159	5.5	210700	128600	300	136.1	68140	11720	1014	800	10
5602	1999-04-12	1.144	5.5	207300	126500	200	127.5	67180	11430	943.6	900	12
5353.9~5391.64	2002-11-06	1.144	5	215502.6	131910.9	275	229.4	70208.7	12120.7	872.6	—	—
5353.9~5391.64	2003-08-13	1.144	6	219231.9	134060.9	350	246.3	71417.6	12063.6	1027.6	180	9
5353.9~5391.64	2003-11-08	1.123	6.24	220427.3	134915.3	150	265.1	72066.6	11349.1	1363.8	440	10
5353.9~5391.64	2004-05-16	1.148	6	227384.6	139127.1	200	230.9	74611.5	12175.3	967.3	180	8
5353.9~5391.64	2004-10-03	1.137	6.06	221833.2	135644.5	200	270	12969.9	11811.6	869.6	200	2.5
5353.9~5391.64	2004-11-05	1.152	5.8	227836.4	139332.7	200	240.7	74963.5	12233.4	818.4	160	8

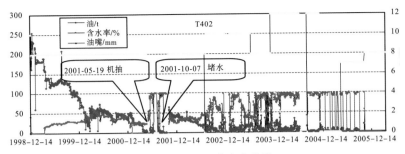

图 3-51　T402 井生产曲线

通过以上分析可知，T402 井水离子成分堵水前和堵水后有所差别，与石炭系水体性质又有所区别，水体不受上部石炭系地层水影响，应该为来自本层的上下两个不同水体。从地震剖面(图 3-52)上可以看到在 T402 井底的位置有一异常体，结合测井、录井资料解释成果以及异常体所处的位置，认为该异常体即为下部水体。T402 井形式和前面的 TK404 井有相同之处，属双层缝洞体出水型，中间还有部分裂缝出水，上部水体受石炭系水体影响不大。

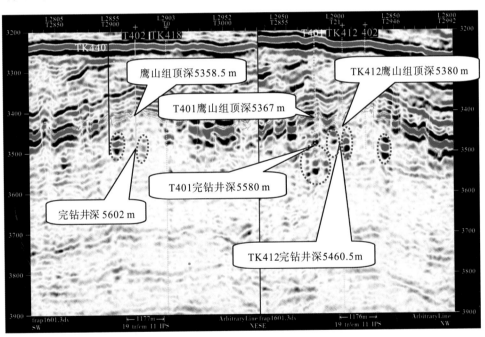

图 3-52　T402 井地震剖面图

3)TK412 井生产特征及油水分布形式分析

TK412 井于 1999 年 7 月 12 日开钻，1999 年 11 月 11 日完钻，完钻深度 5460.47 m。1999 年 11 月 26 日开井采油，投产后日产原油高，不含水，油藏能量大。该井于 2002 年 10 月 19 日进行了生产测井，测井井段 5314.1～5458.6 m，见表 3-25 所示。

表 3-25　TK412 井产液剖面解释成果表（2002-10-19）

层号	产液井段/m	厚度/m	产油 /(m³/d)	产水 /(m³/d)	产气 /(m³/d)	绝对产液量 /(m³/d)	相对产液量 /%
1	5373.98~5384.87	10.89	0.0	0.3	0.0	0.3	0.6
2	5384.87~5394.89	10.02	12.9	15.4	4012.0	28.3	59.1
3	5394.89~5409.93	6.04	0.0	1.5	0.0	1.5	3.2
4	5409.93~5421.84	11.91	0.0	2.4	0.0	2.4	5.0
5	5421.84~5433.84	12.00	0.0	3.6	0.0	3.6	7.5
6	5433.84~5444.77	10.93	0.0	2.8	0.0	2.8	5.8
7	5444.77~5454.74	9.7	0.3	8.7	93.0	8.7	18.8
8	5454.74 以下	—	0.0	0.0	0.0	0.0	0.0
合　计		—	13.2	34.7	4105.0	47.9	100.0

　　本次生产测井主要可分为三段：第一段为 5384.87~5394.89 m，为油水同层段，主产层；5394.89~5444.77 m 为纯水层；5444.77~5454.74 m 为含油水层。结合测井、录井等缝洞体识别成果，该井纵向上发育两层缝洞体（图 3-53），即 5381~5396 m 和 5446~5450.7 m，其间裂缝较发育。产层段和缝洞发育段对应良好，第二段纯水段裂缝较发育。

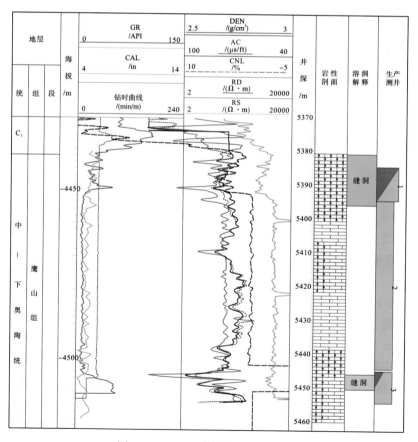

图 3-53　TK412 井综合解释剖面图

从 TK412 井的生产测井以及缝洞解释结果可以判断，该井上下分布两套缝洞，相距50 m，下部缝洞体和生产测井解释第三段对应，为含油水层，上部缝洞体与第一段对应为油水同层，中间产水层为一裂缝发育带。从地震剖面上看(图 3-54)，TK412 井旁 S－N向剖面和 W－E 向剖面均出现一串珠状的异常体，说明在该井 N－W 向也就是靠近 T402井的一侧，有缝洞体的存在，在上图 3-52，T402 井地震剖面图中也可以看到 TK412 井和 T402 井之间的这一异常体。

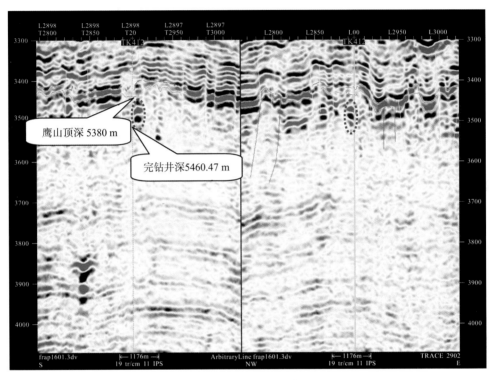

图 3-54　TK412 井地震剖面图

从生产情况来看(图 3-55)，该井于 1999 年 11 月 26 日开井生产，12 月 23 日后日产原油基本稳定在 380 m³ 左右，到 2000 年 11 月日产油量达到 570 m³，原油不含水，显示了油藏能量较大。2001 年 5 月 9 日见水，6 月 6 日迅速上升到 57%，油压和产量急剧下降。到 2001 年底，油压下降到 3.1 MPa，日产油 20 m³，日产气 5300 m³，含水率 77%。2002 年 5 月 25 日停喷，停喷前日产液 16 m³，其中油 2.7 m³。2002 年 6 月 25 日至 7 月24 日修井，之后机抽生产至年底，日产原油 1 m³ 左右，含水在 95% 以上。2003 年继续机抽生产，1~5 月日抽原油 2~3 m³，6~10 月日抽原油 0.5 m³，水 40 m³ 左右，之后由于高含水停抽关井。

结合地质和生产特征分析认为，该井上下分布了两套缝洞体，中间还分布有较发育的裂缝段，早期以产纯油为主，产量大，见水后上部缝洞体、下部缝洞体，加之裂缝段三部分产水，产油量迅速递减。其间，由于下部缝洞体还有油气产出，所以应该不属于上部缝洞系统，为一独立的缝洞体。该井形式应该为双层缝洞体出水形式，中部还有裂缝产出。从水驱曲线图(图 3-56)上可以看出，TK412 井具有台阶状特征，反映水驱过程中有其他水体的供给。

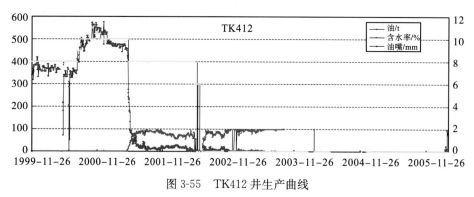

图 3-55　TK412 井生产曲线

4)T401 井生产特征及油水分布形式分析

T401 井于 1998 年 4 月 19 日开钻，同年 10 月 2 日完钻，完钻井深 5580 m。四开钻至井深 5390.76 m 时，于 1998 年 9 月 5 日至 9 月 8 日对下奥陶统裸眼井段 5362.87～5390.76 m 进行中途测试，用 6.35 mm 油嘴折算日产原油 311.3 m³，天然气 5220 m³。钻至 5400.6 m 时出现井漏，共漏失泥浆 103 m³。1998 年 10 月 13 日开井生产，日产油 220～230 m³，天然气 15000 m³，原油不含水。该井早期于 1999 年 5 月 23 日进行过生产测井，生产测井解释表明该井主要产层为 5367～5410 m，日产油 184 m³，占全井产量的 81.3%；5410～5424 m 为微产液层；5424～5580 m 为不产液层。

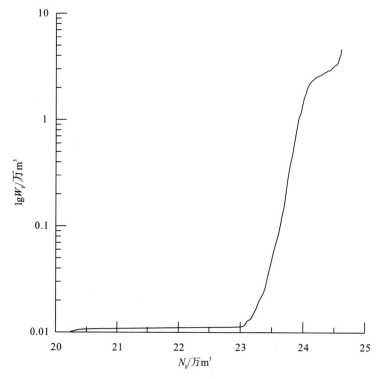

图 3-56　TK412 井甲型水驱曲线图

　　根据测井和录井资料识别结果,该井在 5404~5407 m 处发育一缝洞,其上部距离风化壳较近,还发育了较多裂缝。产层段和解释的缝洞体分布位置对应良好,说明该井的主要出液段可能来自该储集体,见图 3-57 综合解释剖面。从地震剖面上可以看到(图 3-58),在 T401 井完钻井深以下有一异常体出现,在 S-N 向以及 W-E 向剖面上都有显示,该串珠状异常体分布在 T401 井下方。同时,在 S-N 向剖面上还可以看到,S48 井下方也出现一个异常体,位于 S48 与 T401 井之间,同时,S48 与 T401 井之间有断层分布,其中一条比较明显的断层通过了该异常体。整体上看,T401 井下部和 S48 井下部的异常体距离较近,呈连片分布状。前面连通性分析成果表明,T401 井和 S48 井连通性较好,两井生产特征具有很强的相似性,原油密度变化趋势一致,井间干扰明显。结合两井的地质特征以及生产动态特征,可以初步认为两井之间能量的提供可能是由该异常体显示的缝洞体提供。

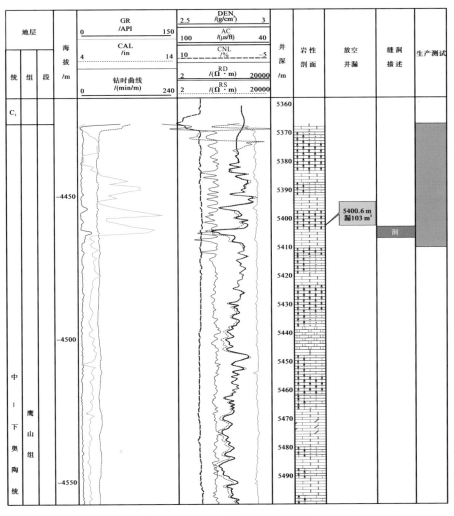

图 3-57　T401 井综合解释剖面图

　　从水样离子分析可以看出(表 3-26,图 3-59、图 3-60),T401 和 S48 两井离子成分差别不大,与上部石炭系水样离子有差别,可以判断,两井水体均来自同层水,且有可能为同一水体。

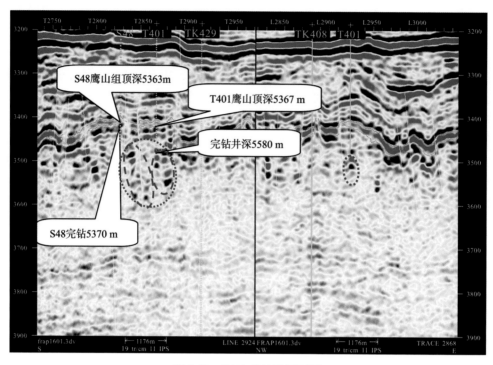

图 3-58　T401 井地震剖面图

表 3-26　T402 水样分析数据

取样日期	水密度/(g/cm³)	pH	总矿化度/(mg/L)	Cl⁻/(mg/L)	SO₄²⁻/(mg/L)	HCO₃⁻/(mg/L)	Na⁺+K⁺/(mg/L)	Ca²⁺/(mg/L)	Mg²⁺/(mg/L)	Br⁻/(mg/L)	I⁻/(mg/L)
2002-11-06	1.145	5.5	218968.4	134132.2	200	224.61	71611.51	11915.12	997.27	—	—
2003-02-19	1.144	6	194710.9	119032.3	300	54.51	61620.82	12201.96	919.51	600	9
2003-05-13	1.132	6.5	200596.3	122726.9	312.5	340.71	65366.48	10631.26	1218.71	160	10
2003-08-13	1.138	6.0	214746.9	131308.9	300	205.8	69593.69	12163.28	967.14	300	11
2003-11-08	1.114	6.0	213978.6	131239.1	150	130.47	69397.18	11042.36	1673.71	400	11
2004-05-16	1.142	5.8	215719.7	132021.1	200	176.58	70271.64	11923.4	967.26	240	8
2004-11-05	1.145	5.8	216430.1	132366.1	200	135.2	70502.51	12317.79	716.12	250	10
2005-04-15	1.148	6.2	214645.5	130934.9	300	227.38	69699.67	11753.88	1035.44	800	8
2005-10-14	1.149	6.4	221426.9	135475.0	200	237.34	72129.05	12409.09	887.05	200	8
2006-04-11	1.152	6.0	216424.3	132488.4	300	186.37	70464.22	11753.94	1155.61	160	9

从生产特征来看，该井于 1998 年 10 月 13 日投产后，产量稳定，平均日产油 220～230 m³，原油不含水。一直到 2001 年 12 月 8 日，该井开始产水，含水率缓慢升高。随着含水率升高，油压和产量都有明显的下降。后继续自喷油水同产，日产油基本稳定在 55 m³ 左右，含水率稳定在 50% 左右。从生产情况可知，该井无水期较长，产量高，产水平稳，后基本保持在 50 m³/d(图 3-61)。总的来说，该井显示了一定的能量。其生产特

征和 S48 井具有很强的相似性。

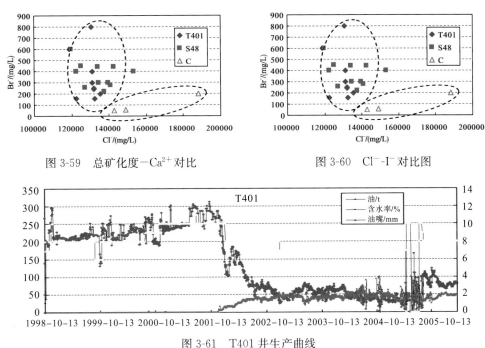

图 3-59 总矿化度－Ca²⁺对比   图 3-60 Cl⁻-I⁻对比图

图 3-61 T401 井生产曲线

综合以上分析，认为 T401 井能量充足，产水形式基本上和 S48 井相似，在 T401 井底附近还有一缝洞体存在，其能量的提供很可能与该缝洞体有关。另外，T401 井原油变化趋势以及水离子成分和 S48 井均表现出相似性，加上地震剖面上两井下部有一连片的异常体，因此可以认为两井产水均由同一水体提供。

5)TK410 井生产特征及油水分布形式分析

TK410 井 1999 年 5 月 10 日开钻，1999 年 8 月 17 日完钻，完钻井深 5520 m，裸眼完钻。钻进过程中未发生放空漏失现象，完钻测井后即用清水替出井内钻井液，并用清水洗井，未见油气。1999 年 8 月 18 日进行生产测井，此次生产测井与常规测井解释结果一致。5400～5430 m 井段为油层，裂缝较发育；5430～5476 m 井段为油气层，其中 5432.5～5433.5 m、5439～5440 m、5441.5～5443 m、5458～5459 m、5461.5～5465.5 m、5469～5470 m 为裂缝层，其余为致密层；5476～5510 m 井段只有 5484～5489 m 和 5501～5506 m 间有裂缝，其余裂缝欠发育。从录井、测井结果分析，该井未钻遇缝洞，但裂缝较发育，见图 3-62 综合解释剖面图。因此，该井于 1999 年 9 月 3 日填砂（砂面深 5464.13 m），9 月 15 日进行酸压施工。酸压作业后，9 月 16 日排液放喷，压力相对稳定，折算日产油 276m³，天然气 2 万～3 万 m³/d，水极微。后于 1999 年 10 月 2 日正式开井投产，日产原油稳定在 225～235 m³，天然气 12500～13000 m³，原油不含水，说明该井酸压后取得了很好的效果。

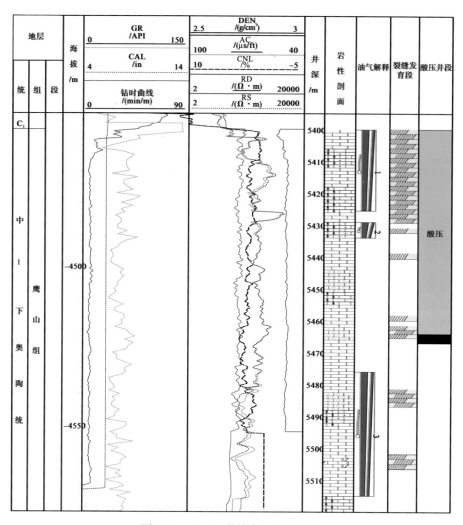

图 3-62　TK410 井综合解释剖面图

　　从地震剖面上可以看到(图 3-63)，TK467 井与 TK410 井之间有一串珠状的异常体，TK467 井在井段 5362～5470.13 m 发生漏失，共漏失泥浆 530.8 m³，与异常体的位置基本吻合。由前面的连通性分析可知，TK410 井与 TK467 井连通性较好，而 TK410 井与S48 井在生产过程中未见井间干扰现象，结合以上分析认为，TK410 井酸压后，压开了与 TK467 井之间的缝洞储集体。

　　从该井的生产特征来看(图 3-64)，酸压后虽然产量很大，但是到 2000 年底油压由10.3 MPa 下降到 2.5 MPa，日产原油由 150 m³ 下降到 45 m³，日产天然气 12000 m³ 下降到 3500 m³，原油含水 0～0.9%。该井虽含水不高，但流压和油气产量下降快。到2001 年 10 月底油压由 2.7 MPa 下降到 2.0 MPa，日产原油由 45 m³ 下降到 30 m³，原油不含水。在 2001 年 11 月 11 日对该井 5393.17～5464.13 m 进行酸洗解堵后，产能有一定的恢复，油压恢复到 8.5 MPa，日产油 170 m³，日产天然气 12500 m³，原油含水0.06%。2003 年 2 月 22 日含水率上升明显，至 4 月 11 日油压 1.2 MPa，日产液 3m³，含水 24.6% 停喷。修井转抽稠泵机抽采油后，机抽仅 1.5 d 又恢复自喷采油至年底。

2004 年 6 月 29 日开始机抽。到该阶段为止，该井平均日产油 70 m³，日产水量 35 m³。该井投产以来多次停喷，机抽和解堵后又自喷生产，表现出间歇采油的特征，主要是由于原油较黏稠，堵塞酸压压开的裂缝，因此酸洗解堵后又出现自喷，总体来说，该井属于裂缝生产形式。

　　TK410 井水驱曲线反映了水驱状态稳定具有一个直线段(图 3-65)。

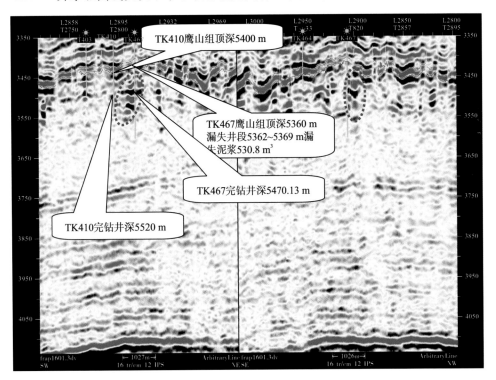

图 3-63　TK410 井地震剖面图

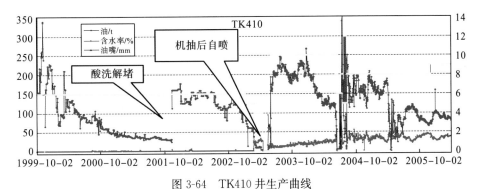

图 3-64　TK410 井生产曲线

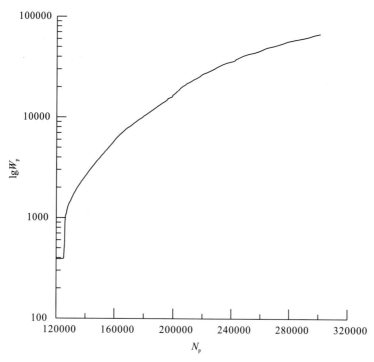

图 3-65   TK410 井甲型水驱曲线图

6)井组油水分布形式分析

以上分析了该井组各单井的生产特征以及油水分布形式，但对于一个连通的缝洞体单元，单井的油水分布形式还受与之连通的井生产特征以及油水分布特征的影响。以下是 T402-TK412-T401-S48-TK410 井组各井的井深、生产层段，以及见水时间的对比，如表 3-27 所示。

表 3-27   T402-TK412-T401-S48-TK410 井组见水时间

井名	投产时间	见水时间	奥陶顶/m	完钻井深/m	生产层段/m
S48	1997-10-27	2000-08-23	5636	5370	5363.0~5370.0
T401	1998-10-13	2001-12-08	5367	5580	5379.0~5424.0
T402	1998-12-14	1999-03-28	5359	5602	5362~5602
TK410	1999-10-02	2003-02-22	5410	5520	5400.0~5464.13
TK412	1999-11-26	2001-05-09	5381	5461	5381.0~5461
TK467	2002-12-10	2003-06-26	5360	5470	5366.6~5367.5

从以上数据可以看到，井深海拔最低的井 T402 井最早见水，无水期最短为 104 天。TK467 井最晚开井投产，无水期较短，其见水时间和与之连通较好的 TK410 井相差不大。TK412 井与 TK410 井生产层段海拔相当，且投产时间接近，但 TK410 井见水时间却比 TK412 井晚了一年多，无水期远大于 TK412 井(图 3-66)。由此可以看出，见水时间以及无水期虽然与产层海拔有一定的关系，但并不是所有的井产层段海拔越深，见水越早，无水期越短，还与井之间连通程度以及油水分布情况有关。

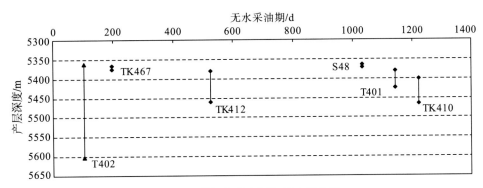

图 3-66 井组各井产层与无水期关系

通过单井的油水关系分析,对各井的生产特征和油水分布形式有了一定的认识,结合连通性分析、各井见水时间以及地质地震识别结果,认为该井组的油水分布形式如图 3-67 所示。其中,T401 井与 S48 井连通性最好,原油密度变化趋势、水离子性质以及生产特征等都表现出很强的相似性,可以暂时把连通性较好的井看作是一个缝洞体。

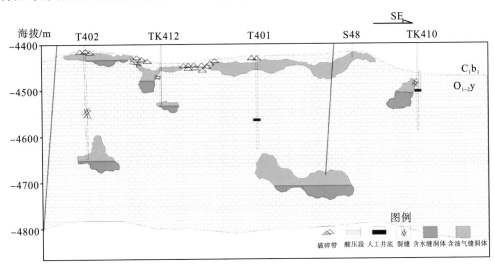

图 3-67 T402-TK412-T401-S48-TK410 井组油水分布形式示意图

S48 井于 1997 年 10 月 27 日投产,由于断层连通底部缝洞体,加上本身井底连通一缝洞储集体,初期产量高,能量大,日产量最高达 600 m³,不含水。T401 井于 1998 年 10 月 13 日投产,和 S48 井连通性较好,原油性质变化趋势一致。由于 S48 井已经生产 1 年,所在的连通缝洞体能量有所下降,所以 T401 井初产日产油量只有 250~300 m³,但整体上两井产量变化趋势保持一致。后随着开采的进行,底部水体沿断层侵入,S48 井井离断层较近,水体先到达 S48 井下方缝洞体,于 2000 年 8 月 23 日产水,此时,水还未到达 T401 井所在的缝洞体,但随着底部水体的不断向上侵入,便从 S48 井底进入 T401 井,所以 T401 井的见水时间晚于 S48 井。T402 井于 1998 年 12 月 14 日投产,开井生产后,上部缝洞体和下部缝洞体同时产出,由于井底紧邻水体,很快见水,下部水体快速锥进,进入到井筒后,产量快速下降。同时,TK412 井 1999 年 11 月 26 日投产,投产后,也是上下两个缝洞体同时产出,水体不断向上侵入,于 2001 年 5 月 9 日产水。

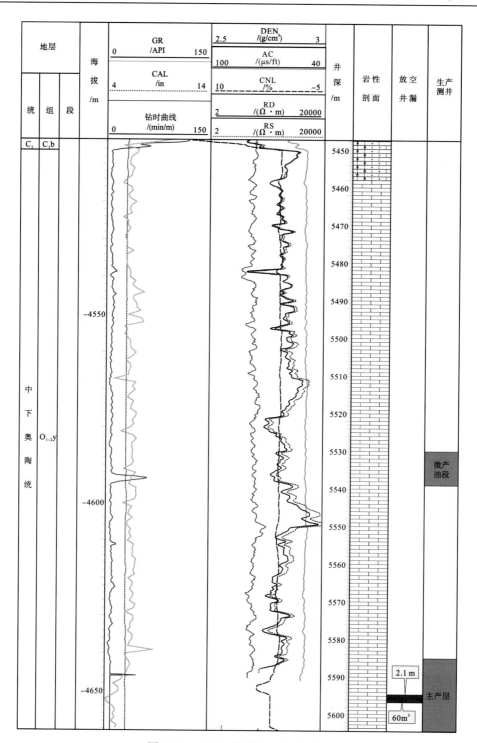

图 3-68　TK461 井综合解释剖面图

由于 T402 井底部缝洞体能量充足，水体不断侵入，产量迅速下降，2001 年 10 月 7 日堵水后，只有上部缝洞体产出，上部水体随着开采的进行也逐渐向上锥进。TK412 井主要有三层产水，上部、下部缝洞体以及中部的裂缝，产量迅速下降，以至高含水关井。另外，由于 S48 井与 TK410 井在生产中未见到干扰现象，连通性不明显，可以在此井组剖面上暂时把两口井当作个体来分析(实际上前面已经证实 TK410 井和 TK461 井连通性较好，而 TK461 井与 S48 井也有好的连通性，但 S48 井与 TK410 井没有见到直接的连通关系)。TK410 井酸压后，裂缝连通与 TK461 井之间的缝洞体，水体不断从缝洞体中沿酸压的裂缝向上侵入井筒，属裂缝型产水形式。另外，结合原始油水界面的计算结果，由于是用该单元第一口井的原始地层压力估算，应反映 S48 井的油水界面，为 5670～5734 m，折算到海拔为 4725～4789 m，和 S48 井下方水体的界面基本一致。

2. S65 单元－单层缝洞产出型具有底水及残留水体

1)TK461 井生产特征及油水分布形式分析

TK461 井于 2002 年 12 月 10 日开钻，2003 年 2 月 10 日完钻，完钻井深 5604.68 m，该井钻遇过程中发生放空，放空井段 5594.6～5596.7 m，并发生漏失，漏失泥浆 60 m³，水 40 m³。2003 年 2 月 11 日～16 日，对该井裸眼井段 5437.85～5604.68 m，进行了配合测井的完井测试作业。后又注压井液，进行诱喷，替喷不出液，从钻遇放空，发生漏失到完井后替喷，累计漏入地层泥浆 60 m³、压井液 288 m³。

该井于 2003 年 6 月 28 日进行生产测试，综合分析认为 5585 m 以下为本井主产层，5530～5539 m 是本井的微产液段。产液剖面测井解释数据见表 3-28。结合该井的缝洞识别结果，认为该井 5594.6～5596.7 m 发育一缝洞，解释的缝洞段与主生产层段对应(见图 3-68)，说明该井产量主要来自该缝洞体。另外，从该井的地震剖面(图 3-69)上也可以看到，在该井 SW 方向，有一串珠状的异常体，正好与该井放空漏失段相对应，综合录井及生产测井解释结果，可以认为，该异常体即为该井解释的缝洞体。

从该井水样分析数据来看(表 3-29)，2003 年 3 月 20 日取样与 2004 年以后取样的离子浓度差别很大，密度、矿化度、Cl^-、SO_4^{2-}、HCO_3^- 等离子浓度明显大于 2004 年以后取样分析结果，而后期各离子浓度变化趋于稳定。分析原因，是因为该井在钻进过程中发生过漏失，后又进行压井和替喷，未返出，累计漏入地层泥浆 60 m³、压井液288 m³，3 月 3 日正式开井投产，则 2003 年 3 月 20 日取的水样应该是漏失压井液，或受压井液污染的地层水。

表 3-28　TK461 井产液剖面测井成果表(2003-06-28)

层号	产液井段/m	厚度/m	产液(油)/(m³/d)	相对产液量/%
1	5530.0～5539.0	9.0	4.2	4.0
2	5585.0↓	—	101.3	96.0
合计			105.5	100

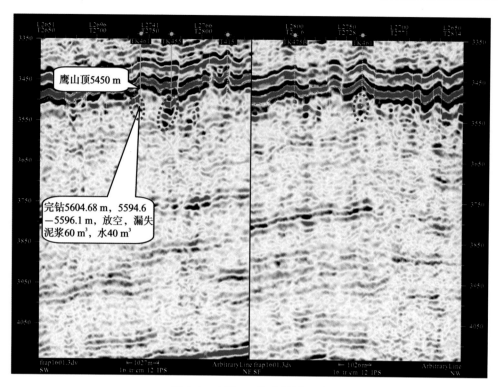

图 3-69　TK461 井地震剖面图

表 3-29　TK461 水样分析(取样深度 5604m)

取样日期	水密度/(g/cm³)	pH	总矿化度/(mg/L)	Cl⁻/(mg/L)	SO₄²⁻/(mg/L)	HCO₃⁻/(mg/L)	Na⁺+K⁺/(mg/L)	Ca²⁺/(mg/L)	Mg²⁺/(mg/L)	Br⁻/(mg/L)	I⁻/(mg/L)
2003-03-20	1.180	6.0	263253.9	160676.2	400	910.6	86777.8	13559.8	1269.7	100	15
2004-11-05	1.149	6.2	227289.5	138922.9	200	379.2	74914.0	12085.8	821.2	150	6
2005-04-15	1.154	6.2	230494.9	141079.2	150	254.1	76540.5	12155.7	1096.3	240	6
2005-10-14	1.158	6.4	228104.6	139495.0	250	237.3	74760.1	12354.9	919.9	200	6

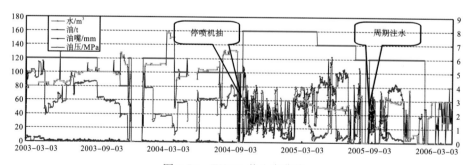

图 3-70　TK461 井生产曲线

　　从生产特征来看,该井于 2003 年 3 月 3 日正式投产,初期日产油量 40~100 m³/d,2004 年 9 月底停喷机抽,后开始产水,日产水量 20~60 m³/d,和产油量基本相当。后含水率升高,日产水量最高达到 100 m³/d 以上,日产油量下降,平均 30 m³/d。之后产水产油均下降到 20~30 m³/d,开始周期性注水,如图 3-70 所示。虽该井有 500 多天的无水期，但总体上看产量不大，说明该井能量有限。结合前面地震、录井、水样分析，认为该井油水形式为单层缝洞体形式，和 S48 井有相似之处，但能量有限。

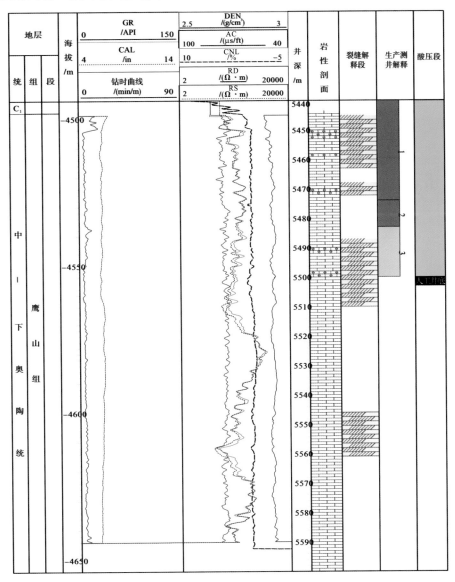

图 3-71　TK435 井综合解释剖面图

2)TK435 井生产特征及油水分布形式分析

TK435 井于 2001 年 3 月 12 完钻，完钻井深 5600 m，在钻进过程中未发生放空漏失，在奥陶系井段，测井解释 5450～5463 m、5546～5561 m、5440～5450 m、5463～5477 m、5487.5～5519 m、5561～5569 m 等发育有裂缝，相应录井显示油迹－油斑。2001 年 4 月 16 日对 5440～5500 m 进行酸压施工，注入井筒总液量 395 m³，酸压较成功，投产后一直自喷出纯油。从该井 S－N 向地震剖面上可以看到，TK435 井的南边有一异常体，酸压后获高产可能是由于压开了连接该缝洞体的裂缝。

2002 年 11 月 2 日对 TK435 井进行了生产测井，目的是了解该井的产液剖面，测井井段 5400～5485 m。PND-S 生产测井解释结果认为该井主要产出段在 5475 m 以上，5474～5483 m 为次产油层，5483 m 以下为水层，产少量水。缝洞识别结果及生产测井解释见图 3-71 综合解释剖面图所示。

从生产特征来看（图 3-72），该井于 2001 年 4 月 19 日酸压投产后，一直无水自喷，日产油量最高达 200 m³/d，但油压和产量下降较快。到 2002 年 11 月 23 日该井见水，其后油压稳定在 1.0～1.5 MPa，日产油最低为 15 m³，最高为 65 m³，一般为 25～35 m³/d，少量气。总体上看，该井产量迅速递减，能量下降快，正是裂缝产出的特征，但产水量不高，日产水最高为 40 m³，一般在 10 m³ 左右。

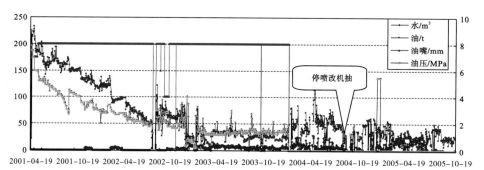

图 3-72　TK435 井生产曲线

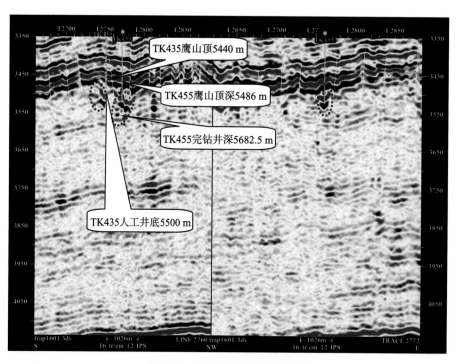

图 3-73　TK435 井地震剖面图

从该井的地震剖面可观察到（图 3-73），在 S—N 向剖面上，紧靠 TK435 井南部有一异常体，另外 TK455 井下方过井位置也有一明显串珠状的异常体，但平面上 TK435 井距离 TK455 井较远，为 727 m，分析认为，TK435 井酸压连通距离较近的缝洞体可能性较大。由以上生产特征以及地质地震识别结果可以推断,该井为裂缝沟通缝洞体形式,但裂缝沟通的缝洞体能量不足,洞体内可能具有残留水体。另外 TK435 井的水驱曲线以及采油曲线也说明该井区存在残留水体,并且在水驱曲线第二个直线段与邻井 TK461 高含水时间一致,说明该井还与邻井共用一个水体。

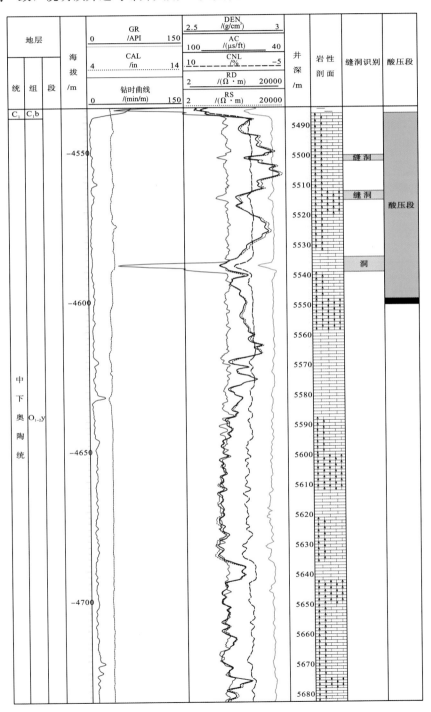

图 3-74 TK455 井综合解释剖面图

3)TK455 井生产特征及油水分布形式分析

TK455 井 2002 年 1 月 17 日开钻，同年 3 月 13 日完钻，完钻井深 5682.5 m。钻进过程中未出现放空漏失情况。该井纵向上发育多段储层，测井解释 5532～5539 m 为 I 类储层，5512～5520 m、5612～5636 m 为 II 类储层，5487～5503 m、5567.5～5573.5 m、5587.5～5612 m、5642～5660 m、5665～5674.5 m 为 III 类储层。2002 年 4 月 7 日对 5486～5548 m 井段进行酸压施工，注入井筒酸液总量 359.9 m³，挤入地层总液量 335 m³，自喷排酸 30 m³ 见油。该井酸压投产以来，一直无水自喷，显示能量充足。从 TK455 井的综合解释剖面图上看（见图 3-74），该井有一明显的串珠状的异常体，酸压后，压开该缝洞的裂缝，缝洞体能量充足，为 TK455 井提供了自喷的能量。

从生产特征来看（图 3-75），该井酸压投产后，日产原油 120～96 m³，气产量微少。之后 2002 年 12 月换 5 mm 油嘴，油压 3.1 MPa，日产原油 31 m³，不含水。2003 年全年平均油压为 3～4 MPa，平均日产原油 40 m³，不含水。该井产量、油压基本稳定，一直保持无水自喷，显示了地层能量较充足。

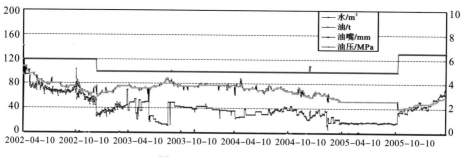

图 3-75　TK455 井生产曲线

4)S65 井生产特征及油水分布形式分析

S65 井于 1999 年 7 月 25 日完钻，完钻井深 5754 m，完钻后在井底 5754～5520 m 注了一个水泥塞，1999 年 9 月 3 日对 5447.48～5520 m 裸眼进行酸压施工，取得较好的效果。该井裸眼自喷，平均产油量 300 m³/d，油质较稠，属高产油层。

2000 年 3 月 4 日，进行生产测井，测试结果见下表 3-30。将该井分为 4 段进行评价，第一段，5460.5～5476.7 m，为主要产油层段。第二段，5485.0～5488.0 m，是本井的微产油段。第三段，5503.2～5513.4 m，是本井的次要产液层段。第四段，5513.4 m 以下无产出。

表 3-30　S65 井生产测井解释结果

层号	产液井段/m	厚度/m	产油/(m³/d)	产水/(m³/d)	产气/(m³/d)	相对产液量%
1	5460.5～5476.7	16.2	139.14	0.19	0.00	73.67
2	5485.0～5488.0	3.0	5.26	4.67E-2	0.00	2.80
3	5503.2～5513.4	10.2	0.00	45.36	0.00	23.53
4	5513.4m 以下	—	0.00	0.00	0.00	0.00

　　结合录井、测井的缝洞识别结果，发现该井缝洞发育段与产液段对应较好，酸压后获高产，而主产层与裂缝发育段对应(图 3-76)，说明酸压沟通与之对应的裂缝，裂缝就成为该井连接油体的通道。

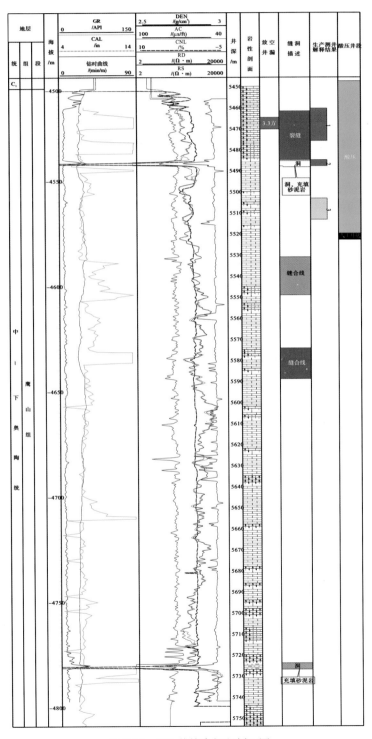

图 3-76　S65 井综合解释剖面图

从 S65 井的地震剖面上可以看到(图 3-77),在 SW—NE 向地震剖面上,S65 井 NE 向有一串珠状异常体,和测井录井解释的缝洞体位置一致,该异常体介于 S65 与 TK432 井之间。S65 井油气的来源很可能就是该缝洞体提供的。

从 S65 井的生产特征分析,该井于 1999 年 9 月 4 日酸压投产,投产初期产量大,无水自喷,日产油量 200~300 m³/d,2000 年 2 月 11 日见水,到年底油压下降到 4.2 MPa,日产原油下降到 126 m³,原油含水变化大。2001 年 1 月 13 日突然停喷,停喷原因是含水上升和原油较稠。1 月 24 日转螺杆泵修井机抽生产,后有间断自喷,多自喷、机抽同时进行。到 2002 年 6 月,该井含水率下降,后基本不产水,一直到 2004 年 7 月,第二次见水,含水率上升,但产水量不大,基本在 10 m³/d 左右。从生产特征来看,该井多次停喷机抽后又自喷,其产水过程为典型的间歇型产水。

本次研究收集并整理了 S65 井第一次和第二次产水的水样分析,并和邻井 TK432 井以及石炭系地层水进行了对比。从离子情况来看(表 3-31),第二次产水和第一次产水的水离子成分有差异,第二次产水水样密度、总矿化度、Cl⁻、Na⁺+K⁺、Ca²⁺ 明显大于第一次的产出水,HCO₃⁻ 含量明显低于第一次的产出水。说明两次出水可能来自不同的水体。从离子关系对比图可以看出(图 3-78,图 3-79),S65 井第二次出水和石炭系水离子成分比较接近,加上该井产层以及缝洞段距离风化壳很近,可能是上部石炭系地层水体侵入。由于第二次出水仅一次取样,分析结果可能存在偏差,但从该点反映的情况来看,可以初步怀疑有上部石炭系地层水体侵入的影响。

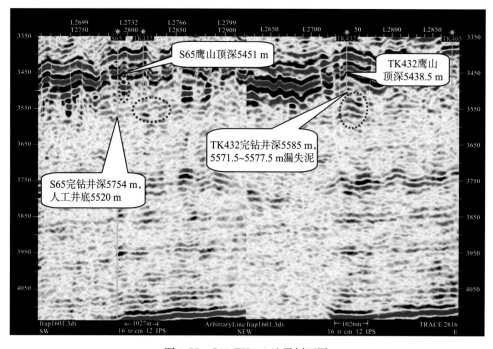

图 3-77　S65-TK432 地震剖面图

表 3-31　S65 井水样离子分析数据

取样日期	水密度/(g/cm³)	pH	总矿化度/(mg/L)	Cl⁻/(mg/L)	SO₄²⁻/(mg/L)	HCO₃⁻/(mg/L)	Na⁺+K⁺/(mg/L)	Ca²⁺/(mg/L)	Mg²⁺/(mg/L)	Br⁻/(mg/L)	I⁻/(mg/L)
2000-02-29	1.142	5.0	202838.4	124323.2	200	208.1	63737.4	13402.8	884.5	171	5.0
2000-02-15	1.151	5.5	237418.3	144961.8	500	259.3	77630.7	12491.9	1216.2	400	20.0
2000-10-26	1.145	5.0	213082.5	130224.2	250	192.2	69844.5	10960.5	1126.3	500	6.0
2001-08-14	1.15	6.0	222031.7	135859.6	300	202.6	72909.1	11417.4	1169.2	180	10.0
2001-11-20	1.155	5.5	224678.5	137590.3	200	161.7	72505.3	13043.2	936.3	200	7.3
2004-11-05	1.166	5.5	261868.7	160232.6	200	131.9	86347.1	13752.1	1023.1	240	8.0

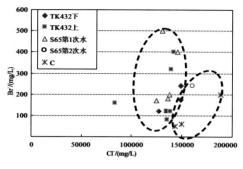

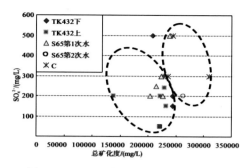

图 3-78　S65 两阶段 Cl^--Br^- 对比图　　　　图 3-79　S65 两阶段矿化度$-SO_4^{2-}$ 对比

以上分析了 S65 井特殊的生产特征,该井经历了无水-含水率上升-下降-无水-含水率上升的过程(图 3-80),为典型的间歇型产水特征。结合地质、地震、生产特征以及前人的研究成果认为:由于致密岩体的上凹下凸,使得 S65 井的缝洞储集体分隔了原油,而水体连通,该井初期产纯油,随着开采的进行,水体锥进到井筒,油水同出,井筒附近水体上升,而与之水体连通但原油分隔的邻近储集体由于原油的膨胀作用,水体界面下降,随着分隔水体的不断减小,邻近储油空间的油气将突破水体分隔进入已开发 S65 井的储油空间,因此才会表现为油产量增加,水产量减小,最后变为以产纯油为主。

综合以上分析,认为该井水体有限,其形式基本上属于单层缝洞体出水,且缝洞体由于发育极不规则,油体被分隔,后期出水有可能受上部石炭系水体侵入的影响。

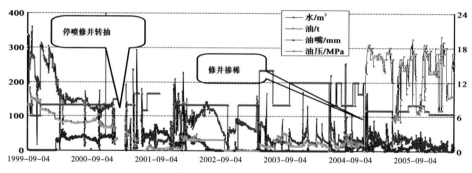

图 3-80　S65 井生产曲线

5)TK432 井生产特征及油水分布形式分析

TK432 井于 2000 年 12 月 24 日完钻,完钻井深 5585 m,5433.14～5585 m 为裸眼段。四开钻至井深 5571.5 m 时井漏。随着钻进漏失量加大,最大漏速每小时 42 m³,并有憋跳钻现象;5571.5～5573.5 m 井口未见泥浆流出,气测点未测及岩屑未返出。12 月 22 日在无返液的情况下,强行钻进至 5585 m 终孔。根据以上情况初步判断钻遇充填的溶洞发育带。测井录井识别缝洞如图 3-81 所示。

2001 年 1 月进行了热洗作业,用 9 mm 油嘴放喷,获日产液 190 m³,含水 58%。分析产液中所含水分来自漏失井段(5571.5～5577.5 m)。1 月 27 日正式自喷生产。该井于 2001 年 3 月 12 日进行了第一次生产测井,数据如表 3-32 所示。

表 3-32　TK432 井产液剖面测井解释成果表（2001-03-12）

序号	产液井段 /m	温度 /°C	压力 /MPa	油产量 /(m³/d)	气产量 /(m³/d)	水产量 /(m³/d)	相对产液量/%
1	5436.5~5456.0	128.00~128.07	56.8~57.0	13.81	0.0	0.0	6.14
2	5483.0~5529.5	128.10~128.20	57.26~57.74	8.71	0.0	0.0	3.87
3	5562.0↓	128.22	58.10	100.58	0.0	101.9	89.99

同年 6 月 25 日该井进行了第 2 次生产测井，见下表 3-33。

表 3-33　TK432 井产液剖面测井解释成果表（2001-06-25）

序号	产液井段 /m	温度 /°C	压力 /MPa	油产量 /(m³/d)	气产量 /(m³/d)	水产量 /(m³/d)	相对产液量/%
1	5436.5~5456.0	128.00~128.10	56.2~56.4	9.70	203.62	0.0	5.97
2	5483.0~5529.5	128.10~128.20	56.64~57.10	6.23	130.79	0.0	3.84
3	5562.0↓	128.26	57.49	29.77	625.09	124.1	90.19

　　两次测井解释结果基本一致。通过两次生产测井结果分析发现，该井产液主要来自 5574.0 m 以下的泥浆漏失段，该段是本井的主要产液层段，而且产水还有上升趋势。见图 3-81 综合解释剖面图，产液段基本和解释的缝洞段一致。

　　根据两次生产测井测试结果，2001 年 11 月 15 日~12 月 13 日，该井修井堵水，堵水后 5433.14~5546 m 自喷生产。在进行的两次堵水作业中，共向井筒注入总液量约 600 m³，清水约 350 m³。堵水作业后，该井日产油量明显增加，由堵水前的 10 m³/d 增加到最高 130 m³/d，含水率下降到 4%，油压恢复到 8 MPa，以后一段时间几乎不产水，说明堵水起到了很好的效果。图 3-82 为该井堵水前后地层水矿化度变化趋势图。由于堵水后，实际产层段为上部裸眼段 5433.14~5546 m，受到堵水施工注入大量水的影响，矿化度明显下降，后随着注入水的排出，到 2003 年 8 月份又趋于平稳，由于一直低产水，可以认为平稳段注入水基本排出，主要为地层水，但总体上稍低于堵水前矿化度，这一变化过程说明堵水前后的出水可能不是来自同一个水体。

　　从该井堵水前后水样离子分析结果也可以看到（表 3-34），堵水前由于产水段主要是 5562 m 以下井段，即下部水体出水，堵水后离子浓度变化大，除矿化度变小外，水密度、Cl^-、SO_4^{2-}、Na^++K^+、Ca^{2+}、Mg^{2+}、I^- 都有不同程度的变化。所以可以判断，堵水前后水离子成分有差异，可能不是出自同一个水体，堵水后为上部 5433.14~5546 m 水体出水。

　　从 TK432 井生产特征来看（图 3-83），该井于 2001 年 1 月 11 日裸眼自喷投产，自然投产开井见水，初期日产油 100 m³，含水 58%，后含水率明显上升，日产水达到 160 m³，日产油急剧下降到 15 m³ 左右。堵水后对 5433.14~5546 m 自喷生产，油压和产量有所增加，油压 8 MPa，日产油稳定在 70 m³，含水率 4%。到 2002 年底油压下降到 3.5 MPa，日产油 25~30 m³，日产水不到 10 m³，堵水取得了很好的效果。后期日产油基本稳定在 25 m³ 左右，少量气，日产水量 10 m³ 以内。

表 3-34 TK432 堵水前后水样分析数据

取样日期	取样位置	水密度 /(g/cm³)	pH	总矿化度 /(mg/L)	Cl⁻ /(mg/L)	SO_4^{2-} /(mg/L)	HCO_3^- /(mg/L)	$Na^+ + K^+$ /(mg/L)	Ca^{2+} /(mg/L)	Mg^{2+} /(mg/L)	I^- /(mg/L)
2001-07-31	5585	1.162	6.0	242508	148432.7	200	172.7	80224.5	12188.7	1122.5	7
2001-11-11	5585	1.159	5.0	243080.8	148597.5	150	108.1	83791.2	8924.4	1248.7	5
2003-08-13	5546	1.138	6.0	220733	135240.3	50	233.9	72606.1	11565.1	1027.6	7
2003-11-08	5546	1.111	5.0	220953.5	135282.9	200	218.8	72622.9	11610.6	1040.6	7
2004-11-04	5546	1.149	5.7	227291.2	138922.9	240	201.2	74798.7	11980.3	920.7	8
2006-04-11	5546	1.159	6.0	225815.6	137992.3	300	177.5	74273.3	12389.3	642.1	10

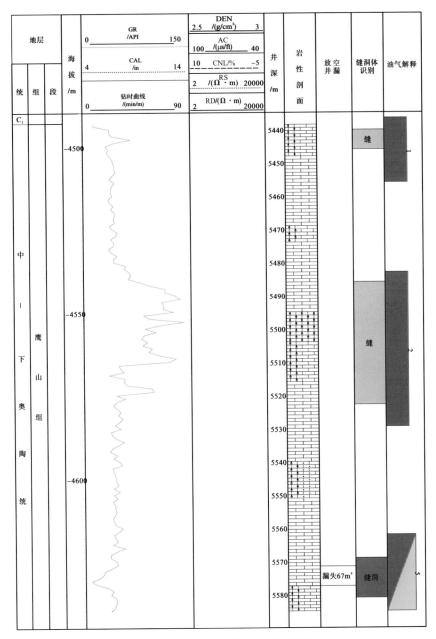

图 3-81　TK432 井综合解释剖面图

　　总体来说，该井开井投产能量大，产量高，但随着含水率的升高产量急剧下降，几乎水淹。堵水后产水得到很好的控制，产量和油压恢复，但产量不高，说明下部产层段能量充足，上部产层段水体有限，能量不高，在储集体发育规模及能量上，下部缝洞体应该大于上部。在地震剖面图上可以看到（见前图 3-77，S65-TK432 地震剖面图），TK432 井下方有一明显的串珠状异常体，结合录井放空漏失（5571.5m）、测井、生产动态特征分析认为，该异常体应该就是下部缝洞体的反应。总体上分析，该井属于缝洞组合型，即上缝下洞型出水形式。

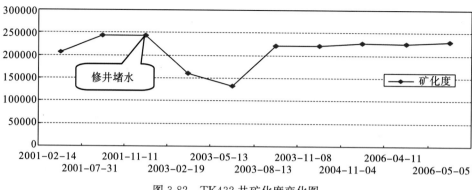

图 3-82 TK432 井矿化度变化图

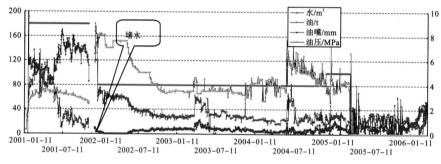

图 3-83 TK432 井生产曲线

6) 单元油水分布形式分析

从该井组产层与见水时间来看（表 3-35），TK432 井产层深度低于 TK461 井，且投产较 TK461 井早两年，但 TK432 井无水期为 0，远小于 TK461 井。同样，TK435 井比 TK455 井早投产一年，产层深度较 TK455 井低，TK435 井的无水期只有 579 天，而 TK455 井至 2006 年 5 月都未见水。从以上分析可知，见水时间与产层深度与投产早晚没有太大的关系。

通过前面对该井组单井生产特征以及油水分布形式分析，结合各井的连通性分析、地质、地震以及生产测试情况等，认为该井组油水分布形式如图 3-84。

表 3-35 TK461-TK435-TK455-S65-TK432 井组见水时间

井名	投产时间	见水时间	无水采油期/d	奥陶顶/m	完钻井深/m	生产层段/m
TK461	2003-03-03	2004-09-30	572	5450.5	5604.7	5530~5604
TK435	2001-04-19	2002-11-23	579	5440.5	560.0	5440.5~5500
TK455	2002-04-10	（截至 2006-05）未见	未见水	5486.0	5682.5	5486~5548
S65	1999-09-04	2000-02-14	158	5460.5	5754.0	5460.5~5520
TK432	2001-01-11	2001-01-11	0	5438.5	5585.0	5438.5~5585

前面连通性分析结果表明，TK432 井与 S65 井连通性较好，且两井原油性质变化趋势一致，结合地震剖面显示以及缝洞识别，可以认为两井连通同一缝洞储集体。S65 井于 1999 年 9 月酸压投产，由于缝洞体内水体的不断锥进，于 2000 年 2 月 14 日见水，产

量下降明显。TK432 井 2001 年 1 月 11 日自然投产，由于井底连接一含水为主的缝洞体，井底到达油水界面，开井见水，下部能量较充足，油水同出，上部裂缝产少量油为主。堵水后，TK432 井主要为上部缝洞储集体生产，下部水体的侵入得到控制，含水率降低，产量上升，由于 TK432 井在下部堵水后上部裂缝段开始大量产出，缝洞体压力扰动，使得 S65 井端油水界面下降，含水率受到影响，有降低的现象。后随着 S65 井的产出，凹型缝洞体右侧的油水界面下降，原油靠自身的膨胀能进入左侧储集体，使得含水率大幅度降低，以至于一段时间产纯油为主。后期第二次出水，可能有部分石炭系水体的侵入。连通性分析结果表明，TK461 井与 TK435 井、TK55 井原油性质变化趋势一致，TK461 井注水 TK435 井、TK455 井都见到了很好的反应，三口井连通性较好。TK435 井于 2001 年 4 月 19 日酸压投产，由于裂缝产水，产量下降快，但该井下部为一洞内残留水，水体有限，产水量一直不高。TK455 井于 2002 年 4 月 10 日投产，投产后一直无水产油，产量稳定。TK461 井于 2003 年 3 月 3 日投产后，于 2004 年 9 月 30 日见水，水体不断向上侵入，以致停喷关井改机抽；后该井注水，TK435 井与 TK455 井的产量和油压明显上升，TK435 井由于能量的补充，含水率降低。由于 S65 井与 TK455 井生产过程中未见到明显的干扰，连通性不明显，可以暂时当作个体对待。另外，结合原始油水界面的计算结果，由于是用 S65 井原始地层压力估算，应反映 S65 井的油水界面，为 5578~5684m，折算到海拔为 4630~4740 m。由于 S65 井和 TK432 井连通，且两井下部缝洞体距离近，有可能靠裂缝连通，则计算的结果有可能是反映下部缝洞体的油水界面，和图中位置有一定的吻合性。由于地质结构特殊，要准确地确定缝洞体的油水界面还需进一步的深入研究。

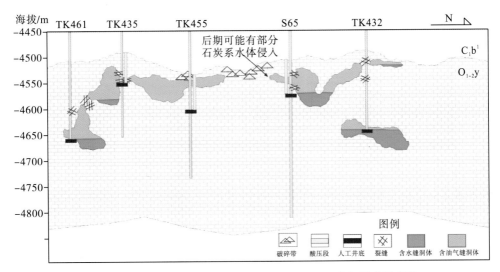

图 3-84　TK461~TK435~TK455~S65~TK432 井组形式示意图

3. S74 单元－裂缝断层产出型具有多个残留水体

S74 单元在塔河六区的北偏东处，是一近南北条状的缝洞连通体。单元内一共有 6 口井，由北到南分别是 TK612 井、S74 井、TK652 井、TK608 井、TK629 井和 TK609 井。

由于 TK652 井产液剖面距离风化壳约有 156 m，与其他 5 口井的产液剖面都在风化壳附近不太相同，并且考虑到剖面的方向性与直观性，故 S74 单元从 NE—SW 方向拉了一条剖面，依次是 TK612 井、S74 井、TK608 井、TK629 井和 TK609 井共 5 口井。

从 TK612 井地震剖面图（图 3-85）上可以看出，在 TK612 井附近的南边有一异常体，对应剖面线，此异常体可能就在 TK612 井与 S74 井之间。在 TK612 井附近的东边还有一异常体，也就是说在剖面线上，TK612 井的左右边可能都各有一异常体。从综合成果图（图 3-87）上看，5483～5488 m 发育裂缝，无井漏及放空显示，说明井点没有钻遇孔洞，该井酸压油水同产，说明酸压裂缝已经沟通了油水界面，至少油水界面接近人工井底的位置。TK612 井与 S74 井与其他 3 口井不同的是：TK612 井的含水率比较稳定，基本维持在 20% 左右。这种油水采出量与其他井明显不同，说明 TK612 井应该还连通一个较为独立的缝洞体，这个缝洞体主要是提供原油（产油＞＞产水）。这刚好也说明了 TK612 井自开井以来到 2007 年 2 月 9 日，累产油水比（N_p/W_p）是这 5 口井中最高的，约为 7：1，这样才能与 TK612 井的生产特征是相符的（图 3-86）。

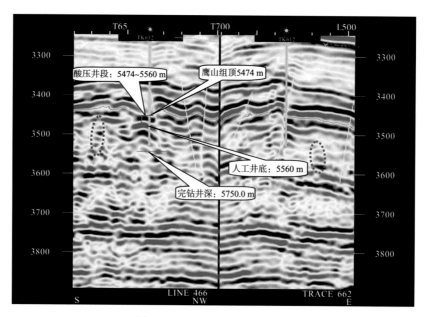

图 3-85　TK612 井地震剖面图

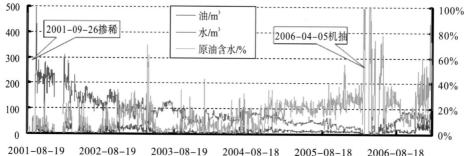

图 3-86　TK612 井生产曲线

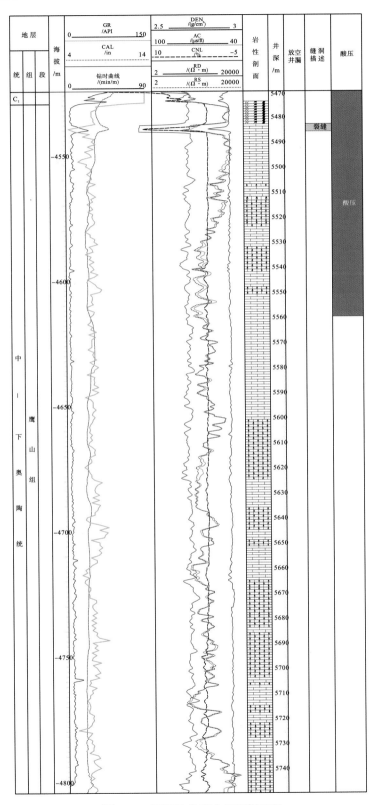

图 3-87　TK612 井综合解释剖面图

另外邻井 S74 井于 2001 年 7 月 23 日见水，此时 S74 井已经无水采油 326d，约 20d 后投产的 TK612 井(2001 年 8 月 19 日)，在开始生产时就是油水同产，这说明 TK612 井与 S74 井可能共同连接一个缝洞体。

从 S74 井剖面图上可以看出，在 S74 井的南边有一异常体，对应剖面线，此异常体可能就在 TK608 井与 S74 井之间。在 S74 井附近的北边和东边未见有较明显的异常体，也就是说在剖面(图 3-87)线上 S74 井的右边可能有一异常体。

在 S74 井的人工井底下有一漏失井段(井漏井段为 5556.8～5564.07 m)，但未建产能，(并且在井底附近酸压未建产能)，估计在 S74 井 5556.8～5564.07 m 处可能有一小的孤立的缝洞(图 3-88)。由于 S74 井酸压投产，2001 年 7 月 23 日见水，此时邻井 TK608 井还是处于无水采油期，考虑到 S74 井生产井段的海拔位置，还有无水采油是这 5 口井中最长的，长达 326 天，推测在 S74 井与 TK612 井之间应该有一缝洞体，并通过人工裂缝、天然裂缝沟通此缝洞体。

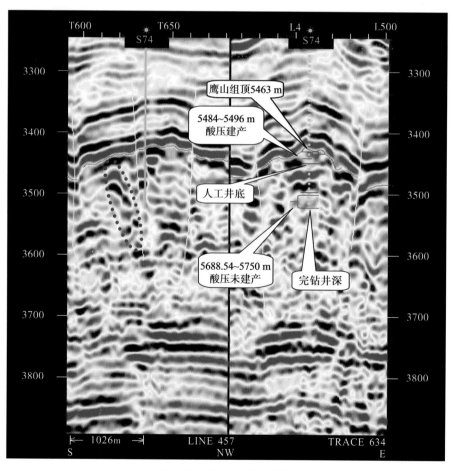

图 3-88   S74 井地震剖面图

从 S74 井的生产特征分析(图 3-89)，该井于 2000 年 8 月 23 日酸压投产，投产初期产量不大，无水自喷，日产油量 200 m³/d 左右，油压下降较快。含水上升跳跃不稳定反映裂缝产水的特征，水驱曲线有一个小的台阶，反映该井可能波及两个水体(图 3-90)。

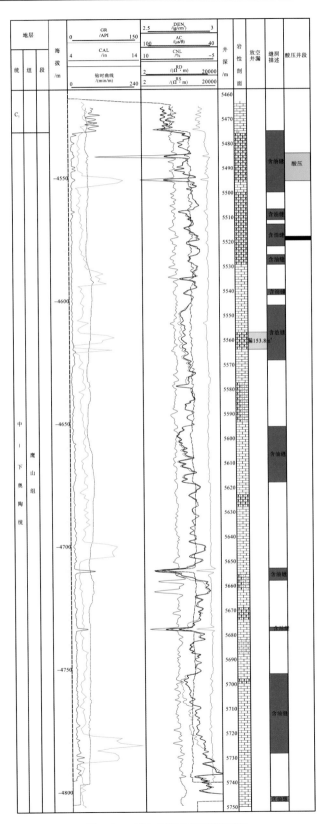

图 3-89　S74 井综合解释剖面图

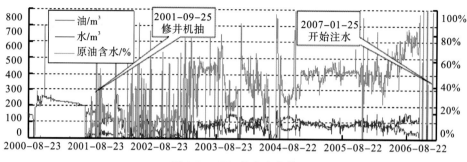

图 3-90　S74 井生产曲线

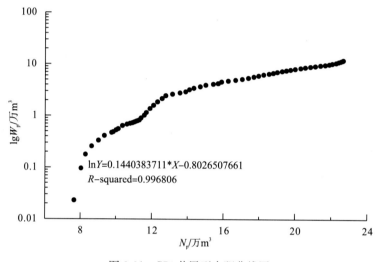

图 3-91　S74 井甲型水驱曲线图

从 TK608 井 S—N 地震剖面图(图 3-91)上可以看出,在 TK608 井正下方附近有一异常体,并且在钻井过程中于井底附近发生井漏,共漏失 132.8 m³。初步可以判定在 TK608 井下方有一缝洞体(图 3-92)。

TK608 井至今一共进行了 3 次生产测井,分别是 2001 年 8 月 2 日、2003 年 2 月 18 日和 2004 年 7 月 7 日。这 3 次生产测井结构表明了,TK608 井在奥陶系有 2 个产层段,上部产层段在风化壳下 5471.5～5525 m,下部产液段是在井底附近。而且下部是主要的产液段,上部产液量/下部产液量≈1/4～3/7(图 3-93)。

根据前两次生产测井,认为主要产水来自 5553 m 以下,故于 2003 年 7 月 5 日~6 日实施复合堵剂堵水,堵水后又进行酸洗解除堵水造成的污染。通过第三次生产测井,5545.5～5578.6 m 产水量明显减少很多,认为堵水见效了。由于上部产层段的产水量比较稳定,与下部的明显不同,故认为上下产层段是分别沟通不同的缝洞体。

从 TK608 井 S—N 地震剖面图上可以看出,在 TK608 井附近的南边风化壳下有一小异常体,在剖面线上正好在 TK608 井与 TK629 井之间,并且与上部产层位置相对应。

于是认为 TK608 井在风化壳附近有一小的缝洞体,通过天然裂缝沟通,沟通位置应该是在缝洞体油水界面的上部。

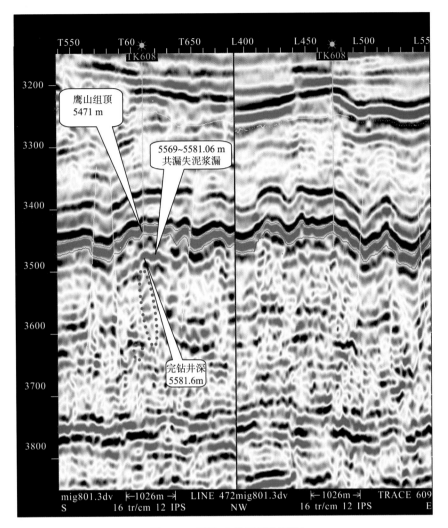

图 3-92 TK608 井地震剖面图

在 TK608 井下部可能有一缝洞体,此缝洞体规模远大于上部的缝洞体规模。由于 TK608 井的无水采油期长达 136 d,所以油水界面应该是在井底以下位置。S74 井和 TK608 井采油曲线有相似变化趋势,见水时间相差 40 d 左右,于是估计 S74 井可能通过断层沟通此缝洞体。

从生产特征分析(图 3-94),初期含水上升稳定是洞产水的特征,后期跳跃明显,说明还有裂缝补给的特点,在水驱曲线上反映一个水体的稳定补给(图 3-95)。

从 TK629 井 S—N 地震剖面图上可以看出,在该井南边附近有一异常体,对应剖面线,此异常体可能就在 TK629 井与 TK609 井之间。在 TK629 井附近的北边和东边未见有较明显的异常体,也就是说在剖面线上,TK629 井的右边可能有一异常体(图 3-96)。

对于 TK629 井下部放空井段(图 3-97),在地震剖面上未见有对应的异常体。可能在其他方向剖面上有所反映。测试之后未建产能,所以认为 TK629 井下部放空井段应该有一孤立的小干缝洞。

在钻进风化壳发生了微漏,于是认为在 TK629 井的风化壳附近有破碎带。

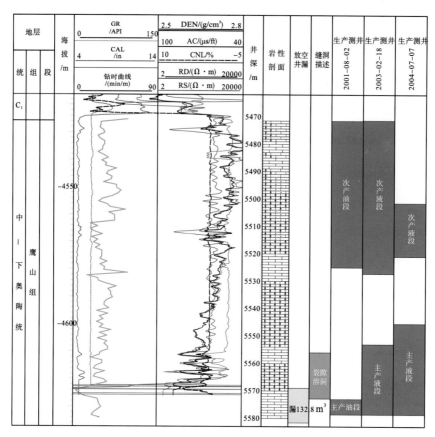

图 3-93　TK608 井综合解释剖面图

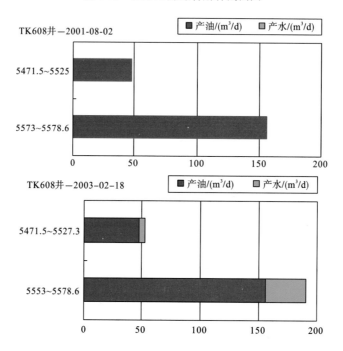

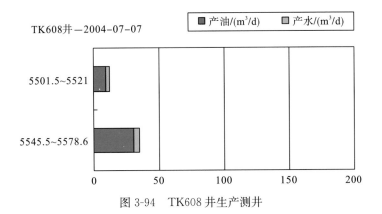

图 3-94 TK608 井生产测井

　　TK629 井酸压投产，开井至今进行了一次生产测井（表 3-36）。该井产液剖面测井解释结果表明，目前本井主产层在 5513.0～5529.0 m，为裸眼测井解释的 II 类储层上部。日产液 15.53 m^3/d，日产油 11.23 m^3/d，日产水 4.3 m^3/d，解释含水 27.6%。

　　考虑到地震剖面的异常体与累产液量，认为在 TK629 井的左边有一小的缝洞体。TK629 井可能通过酸压裂缝与之沟通，并且沟通的位置在油水界面之上（无水采油期达 237 d）。

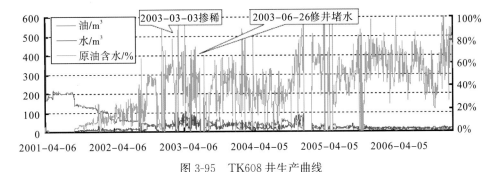

图 3-95 TK608 井生产曲线

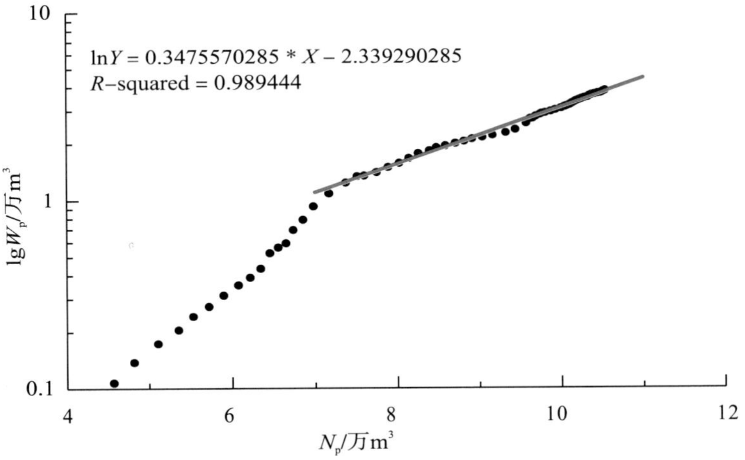

$\ln Y = 0.3475570285 * X - 2.339290285$
$R\text{-squared} = 0.989444$

图 3-96 TK608 井甲型水驱曲线图

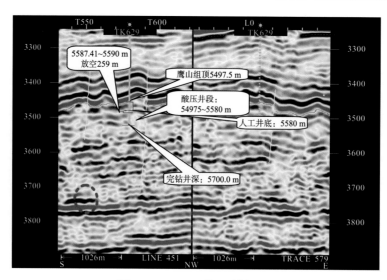

图 3-97 TK629 井地震剖面图

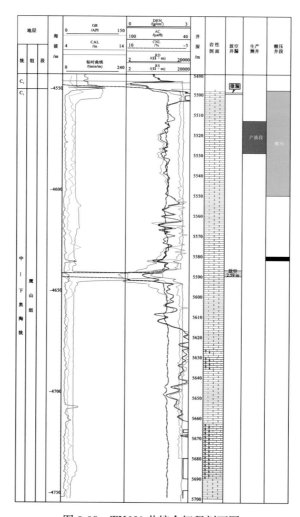

图 3-98 TK629 井综合解释剖面图

由于 TK629 井的采油曲线与 S74 井有相似之处(图 3-98),再加上井附近有多裂隙与断层,估计会沟通 TK608 井底下的缝洞体,但沟通仅仅是高部位沟通,这是因为 TK608 井见水后,接近一年后 TK629 井才见水。TK629 井的生产曲线见图 3-99。

表 3-36　TK629 井生产测井解释结果(2003-08-16)

层号	产液井段/m	厚度/m	产油/(m³/d)	产水/(m³/d)	产气/(m³/d)	相对产液量/%
1	5513~5529	16	11.23	4.3	0	100

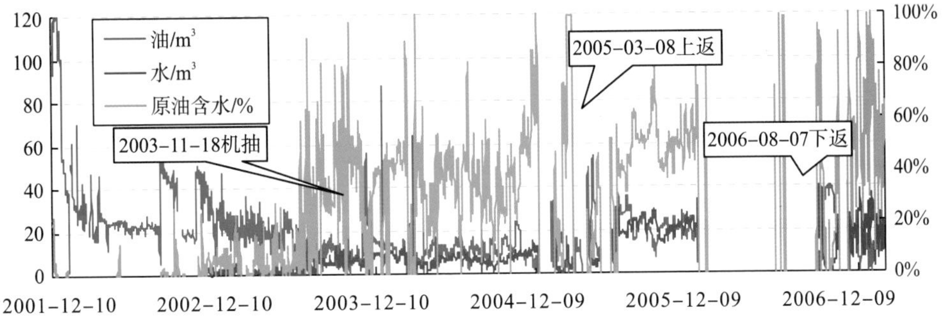

图 3-99　TK629 井生产曲线

总体来看,TK629 井下部的洞穴没有油气显示,为孤立的缝洞,主产层依靠酸压与附近的缝洞沟通,生产特征与 S74 井相似,属于由裂缝沟通附近的缝洞体,同时产水量不高,反映水体能量不足,可能是残留水体。

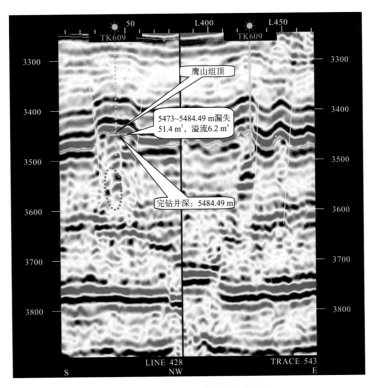

图 3-100　TK609 井地震剖面图

从 TK609 井 S—N 地震剖面图（图 3-100）上可以看出，在 TK609 井正下方附近有一异常体，并且在钻井过程中于井底附近发生井漏，共漏失 51.4 m³，可以初步判定在 TK609 井下方有一缝洞体（图 3-101）。

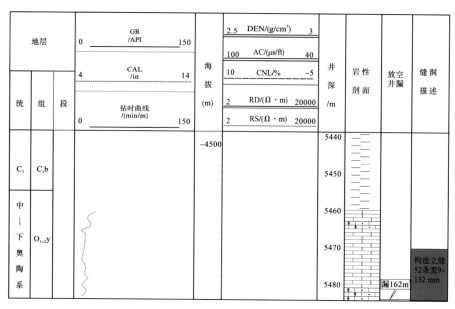

图 3-101   TK609 井综合解释剖面图

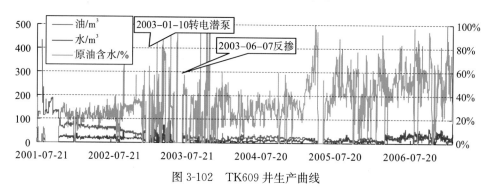

图 3-102   TK609 井生产曲线

由于 TK609 井在 2001 年 7 月 21 日开始生产时就油水同产，邻井 TK629 井此时虽然还没投产，但在 5 个月后生产却有较长的无水采油期，并且海拔位置比 TK609 井要低很多。所以认为在这剖面上，TK609 井与 TK629 井可能没有沟通同一个缝洞体。TK609 井直接钻遇一个缝洞体，投产油水同出说明油水界面刚好在井底附近。

从 TK609 井生产曲线（图 3-102）看出，其含水上升总体上呈稳定上升趋势，局部有跳跃的特征，反映洞产水的特点，同时产液量并不大说明水体能量不高，应该是局部残留水体。

从以上分析来看，S74 单元中各井的产层段主要是天然裂缝或人工酸压缝以及附近的断层沟通多个缝洞体，单元内存在残留水体，反映产液量不高的特点；总体来说该单元裂缝、断层是主要的通道，不具有完全统一的油水界面。

4. T803(K)单元－断层孔洞产出型具有残留水体

T803(K)单元在塔河八区的西北端，是一近方形的缝洞连通体。单元内一共有 5 口井，由北到南分别是 TK719 井、TK847 井、T803(K)井、TK826 井和 T705 井。考虑到剖面的方向性与直观性，故 T803(K)单元从 NE—SW 方向拉了一条剖面，依次是 TK847 井、T803(K)井和 TK826 井共 3 口井，以此分析该单元的油水分布形式。

从 TK847 井地震剖面图(图 3-103)上可以看出，在 TK847 井附近的南边有一异常体，可能是缝洞发育段，对应剖面线此异常体位于 TK847 井的左边，在东西向地震剖面上 TK847 井两侧均发育断层。

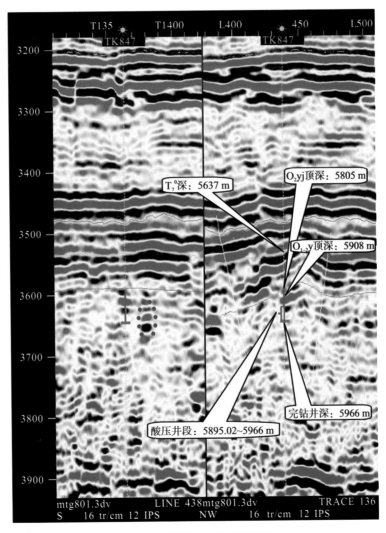

图 3-103　TK847 井地震剖面图

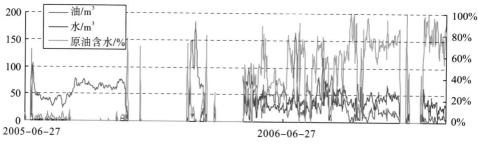

图 3-104　TK847 井生产曲线

在钻井过程中 TK847 井无放空漏失现象，于 2005 年 6 月 27 日酸压投产，开井见水，虽然含水率不高，可能为酸液返排。而邻井 T803K 井于 2004 年 10 月 14 日已经生产见水，含水率比 TK847 井高，而且生产层段也比较高，如果 TK847 井和 T803K 井之间有一个共同连通的缝洞单元，那么在 T803K 井见水后，在较高含水率下，约 8 个月后在低部位投产的 TK847 井可能已经是水淹了，加上地震剖面上没有明显的异常体，所以认为在此剖面上 TK847 井和 T803K 井之间可能没有缝洞体存在。从生产特征来看初期产量稳定，后期产水量增大（图 3-104），而且含水率大幅上升，反映裂缝产水的特点。

根据地震剖面上井附近的南边异常体和井的生产特征，认为在 TK847 井的左边有一缝洞体，TK847 井通过酸压与其沟通，并且沟通位置刚好在油水界面附近。

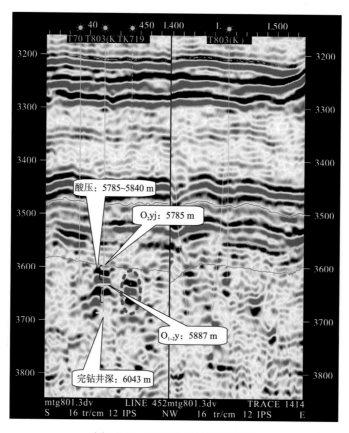

图 3-105　T803K 井地震剖面图

从 T803K 井地震剖面图(图 3-105)上可以看出，在 T803K 井附近未见有明显的异常体，而在 TK719 井附近的下方有一异常体，所以认为在剖面方向上 T803K 井附近未见异常体，在东西向地震剖面上 T803K 西面发育两条断层。

T803K 井于 2004 年 1 月 19 日对井段 578.5～5840 m 酸压投产，开井生产 269 d 后见水，虽然含水率开始一段时间较低，但没过多久就突然增高，表现出裂缝生产为主的生产特征(图 3-106)，该井产液剖面显示该井段为主产层段(图 3-107)；所以认为在 T803K 井附近可能存在缝洞体，通过酸压与断层或缝洞单元沟通，由于有 269 d 的无水采油期，沟通位置应在油水界面之上。

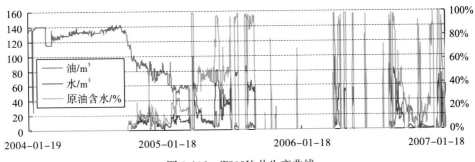

图 3-106　T803K 井生产曲线

通过采油曲线的比较，认为 T803K 井与 TK826 井在生产趋势有一定的相似性，特别是 TK826 井投产后，T803K 井产量下降很快，可能是 T803K 井和 TK826 井共同沟通一缝洞体的结果。虽然 TK826 井的无水采油期较长，且 T803K 井见水后约 18 个月才见水，但这与 TK826 井产层段在高部位有关；所以推测在 T803K 井和 TK826 井之间靠近 TK826 井处可能存在一缝洞体，通过酸压与天然裂缝沟通，沟通位置应在油水界面之上。

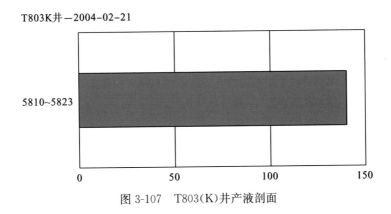

图 3-107　T803(K)井产液剖面

从 TK826 井地震剖面图(图 3-108)W—E 方向上可以看出，在 TK826 井附近正下方有一异常体，这与在钻井过程中发生井漏相吻合；而在 SW—NE 方向上，TK826 井附近也有两异常体，所以在地震剖面上认为 TK826 井正下方有一异常体，在 T803 井和 TK826 井之间也有异常体存在，位置比较靠近 TK826 井，而且在 TK826 井附近发育高角度断层。

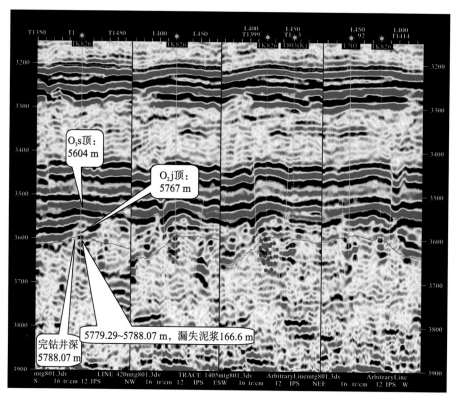

图 3-108   TK826 井地震剖面图

虽然 TK826 井于 2004 年 9 月 6 日投产，开井生产 435 d 后见水，无水采油期很长，但见水后含水率突然增高，产量下降很快，表现出较明显裂缝生产特征(图 3-109)；所以认为在 TK826 井正下方附近是否可能存在一溶洞，还应斟酌，但较为肯定的是 TK826 井的左边存在一缝洞体，TK826 井通过天然裂缝与之沟通，沟通位置应在油水界面之上。

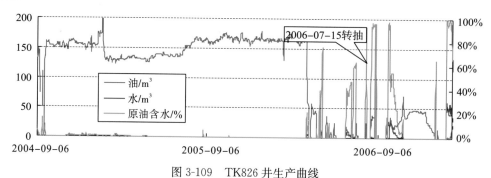

图 3-109   TK826 井生产曲线

总体来看，T803(K)单元的这几口井都近邻高角度断层，附近发育异常体，并且距离风化壳远，从溶洞形成的机制来看，这些异常体的形成与断层间应存在成因联系；油井投产是通过天然裂缝(TK826)或人工裂缝[T803(K)、TK847]沟通附近的缝洞体，从三口井的生产动态来看，也都反映出裂缝产水的特征，进一步认证了裂缝或断层的作用。所以该单元应该是依附于断层的孔洞产出形式，缝洞体有各自的油水界面和水体(或残留水体)。

5．TK725 单元－多层缝洞产出型纯油洞残留水体

TK725 井 2003 年 6 月 16 日钻至井深 5662.20 m，出现放空(放空井段 5662.2～5666.6 m、视厚 4.4 m)伴有泥浆漏失，后强钻至 5837.00 m 完钻，总计漏失泥浆 130 m³，盐水 2856 m³，表明钻遇孔洞体(图 3-110)。

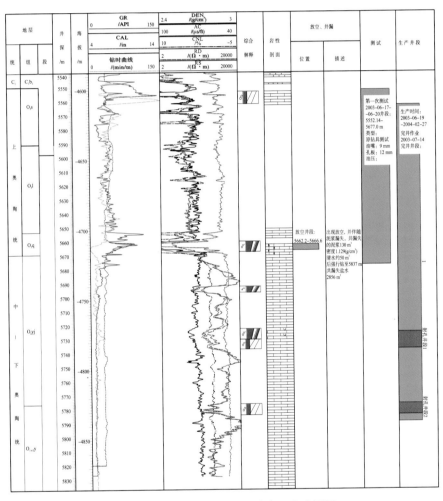

图 3-110　TK725 井奥陶系综合录井成果图

2003 年 6 月 17 日～20 日该井 5552.14～5677.0 m 井段进行了原钻具测试求产作业。测试产油 22.4 m³，清水 18.5 m³ 未建产能，说明放空漏失段有孔洞孤立的缝洞体，油水规模小。2003 年 7 月 14 日对测井解释的裂缝段 5725～5737 m、5776～5784 m 射孔生产至今。

本井生产情况表明(图 3-111)，油压下降缓慢，能量较充足，无水生产期较长，产水很少，一方面说明连通的缝洞体范围大流体体积大，能量充足；另一方面说明产层段与油水界面有一段距离。由于本井无生产测井资料，考虑到放空段测试未建产，本井为裸

眼多段射孔完井，故推测产油段主要为奥陶系中下统一间房组和鹰山组的两个裂缝发育的射孔段。该井尽管产水，可是产水量低，含水上升特别慢，很可能是残留水体，从该情况来看该井可能处于纯油洞。

T817(K)井 2004 年 1 月 26 日钻至井深 5701.79 m 出现井漏，后钻至 5720.60～5720.95 m 出现井段放空，该井累计漏失 263 m³，表明本井在中奥陶统一间房组溶洞裂缝较发育(图 3-112)。

2004 年 3 月 27 日掺稀(反掺)自喷投产，该井投产即见水，综合含水率较低 2.44%。从生产曲线看出，本井能量较充足，产油量稳定在 100 m³ 左右(图 3-113)，投产油水同出；但是产水量小，而且生产期间含水率呈下降趋势，直至无水采油；尽管没有水分析资料，但是已经累计产水 1191 m³，远大于累计漏失液量 263 m³，说明不是漏失液，应该是缝洞单元内的残留水体；油压下降较缓慢，表明油水体积较大，能量充足，储层空间为大缝洞体。

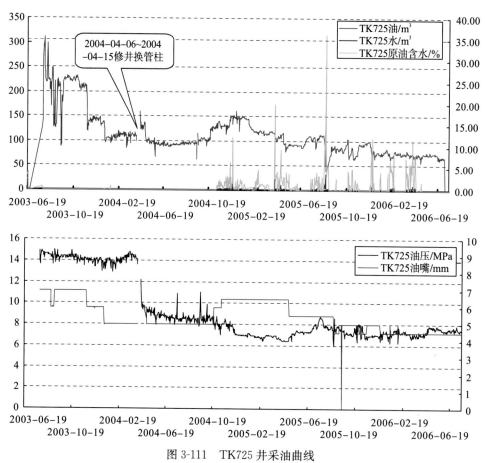

图 3-111　TK725 井采油曲线

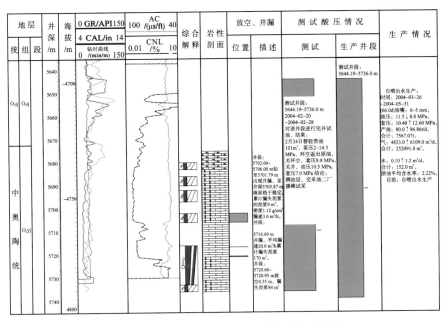

图 3-112　T817(K)井奥陶系综合录井成果图

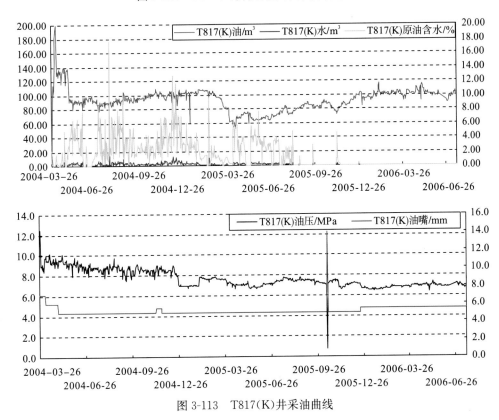

图 3-113　T817(K)井采油曲线

　　该井地震时间偏移剖面(图3-114)在中下奥陶统顶面附近显示串珠状强反射异常体，这是缝洞发育的特征，主产层段也就是放空漏失段。需要说明的是T817(K)井下部缝洞发育段的海拔与TK725井的上部射孔段海拔处于同一个高度上，两者生产的能量特征具有相似性，TK725 井射孔段可能沟通了 T817(K)井的放空漏失段。

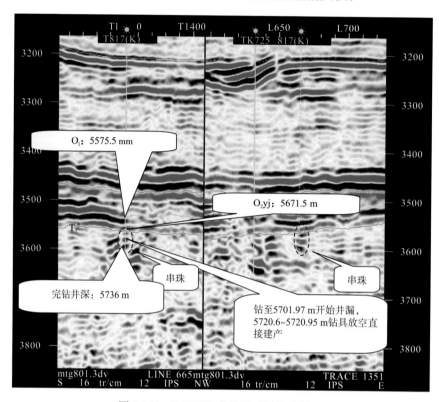

图 3-114　T817(K)井地震时间偏移剖面

综上所述，本井中下奥陶统缝洞较发育，生产情况表明产能较高，根据地质录井结果，推测储集空间为多层连通缝洞体，结合同一单元 TK725 井的生产情况推测本井储层发育溶洞可能为纯油洞。

TK804(K)井钻至 5720.2～5722.0 m、5794.2～5814.0 m、5816.8～5818.1 m 钻具放空，5770 m 开始漏失，该井钻井和完井期间共计漏失油田水 2430.0 m^3，泥浆 390 m^3，清水 287.3 m^3。说明这些井段缝洞发育(图 3-115)。

完钻后于 2004 年 3 月 18 日～3 月 21 日对该井进行了常规完井。通过测试定性该测试层段(O_2yj)5597－5823.66 m 为油层，产量低未建产能。

总体来看 TK725 单元中 TK725 井与 T817(K)井属于多层缝洞产出型，存在参与水体，从当时的动态来看，两口井处于纯油洞中，而且连通范围相当大。同样还存在孤立的缝洞体未建产能，如 TK725 井的放空段、T804(K)井放空漏失段。

6. TK832 单元－双层缝洞产出型下水上气

TK832 井钻至井深 5901.42 m 发生井漏，井自 5902.0 m 已钻遇裂缝发育带，且裂缝或溶孔连通性较好，从而造成井漏。对奥陶系鹰山组(O_{1-2}y)裸眼 5901.42～5908.93 m 井段进行原钻具测试，产水 49.23 m^3，密度为 1.13 g/cm^3，Cl^- 为 136000 mg/L，为水层。

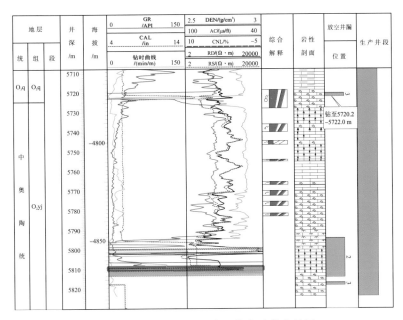

图 3-115　T804K 井奥陶系综合录井成果图

对 5712.52~5775.0m 测井解释裂缝发育的裸眼井段进行了酸压完井施工作业。在泵注胶凝酸阶段，泵压下降明显，表明裂缝沟通了储集体。试油期间供液较为充足，未见油，有部分天然气，可能为水层。在 TK832 井地震剖面上显示酸压井段发育串珠状异常体(图 3-116)。

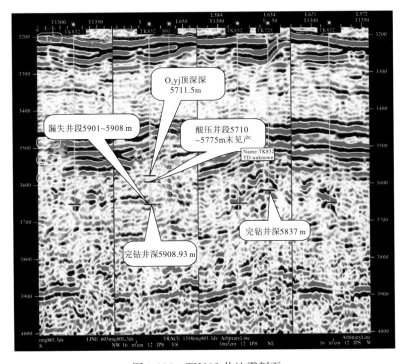

图 3-116　TK832 井地震剖面

可以看出该井下部井漏段为水层，而上部裂缝段产水和天然气，属于双层缝洞产出上气下水的分布特征，由于没有其他资料所以无法进一步认证，垂向上是否连通。

7. S66 单元－双层缝洞产出型具有底水

TK653 井钻至 5587.87 m 井漏，后钻至 5602.95 m 共漏浆 84.2 m³，钻至 5722.59 m 放空，井口不返浆，后下钻探至 5725 m，强钻至 5762 m，漏浆 246 m³（图 3-117）。2003 年 7 月 12 日～2003 年 7 月 20 日，对 5485.84～5762 m 裸眼井段完井，无酸压，生产井段跨度很大。

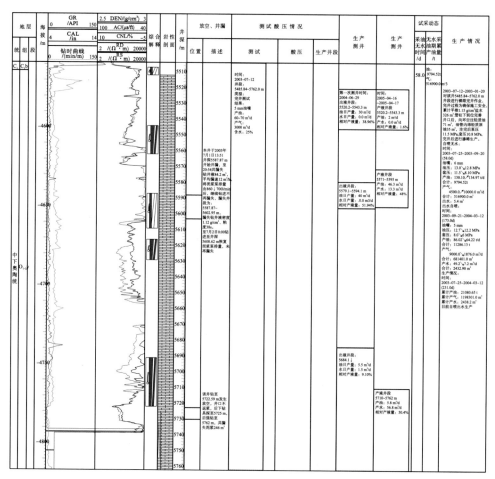

图 3-117　TK653 井综合解释剖面图

根据生产测井中得知该井产层段大致分为 3 个小层（表 3-37）。在第 2 小层处泥浆漏失，第 1 小层处放空，第 2 小层裂缝发育，而第 3 小层有孔洞发育。从各小层相对产液量可以看出，两次生产测井时主力产层发生了相对变化，第 1 小层产液能力下降很大（图 3-118），储量有限；第 2 小层产液能力略减小；而第 3 小层产液能力有明显的上升，说明孔洞较发育。

表 3-37 TK653 井生产测井解释成果表—2004 年 6 月 29 日

序号	综合解释层段/m	压力/MPa	温度/℃	油日产量/(m³/d)	水日产量/(m³/d)	相对产液量/%
1	5520.2~5543.3	57.8	129.00	30.0	0.0	38.96
2	5579.1~5594.1	58.4	129.30	40.0	0.0	51.94
3	5684.1↓	59.5	130.44	5.5	1.5	9.10
合计				75.5	1.5	100.00

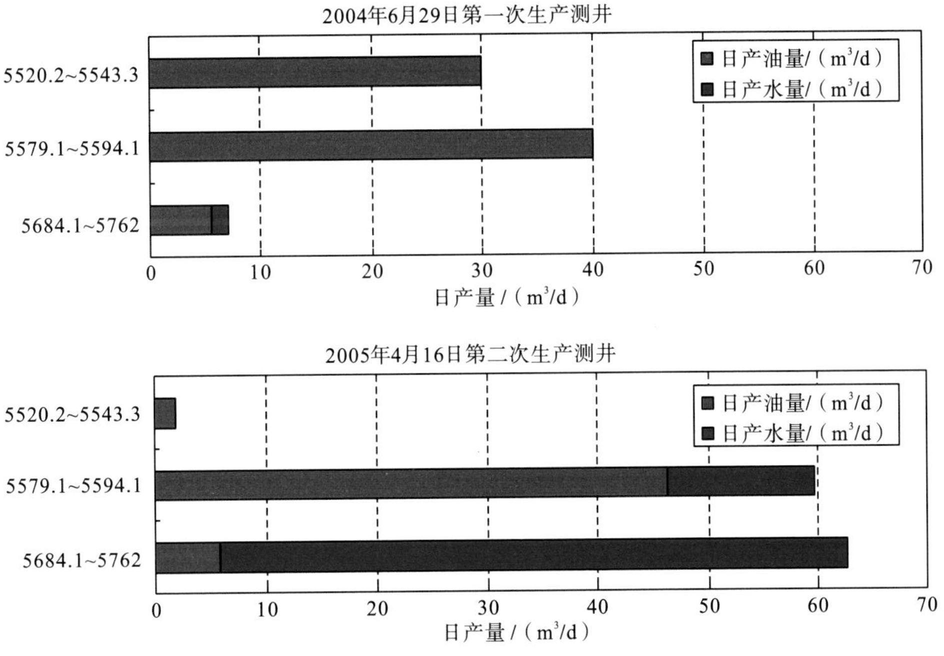

图 3-118 TK653 井产液剖面图

  该井无水采油 58 天。从采油曲线(图 3-119)中可以看出,投产时地层能量充足,但随后产量下降很快含水逐步上升,下降后产液量保持相对稳定。水驱曲线反映有不同的水体在供液。

  TK628 井 2001 年 11 月 28 日~12 月 25 日,对 5505.99~5569.0 m 井段进行了酸压完井,人工井底 5569.0 m。生产井段距鹰山组风化壳上顶面很近,没有放空井漏,裂缝发育。

  从 TK653 井的采油曲线(图 3-119)和 TK628 井的采油曲线(图 3-120)中可以看到其含水特征相似,所以判断两口井间有一定的连通性。另外 TK653 井第二层的产层位置相对接近于 TK628 井人工井底位置,从产水顺序可以初步判断 TK653 井第二层与 TK628 井连通同一个缝洞体。

  S66 井 1999 年 10 月 14 日~15 日对 5496~5501 m、5534~5542 m 两个井段进行酸压施工作业,人工井底 5560 m。生产井段距鹰山组风化壳上顶面很近,没有放空井漏,应该为裂缝发育。

  从该井的生产情况来看(图 3-121)无水采油时间 285 d,无水采油 20912.11 t。从含水上升特征看为缝产水特点。水驱曲线还反映水驱并不稳定，一方面说明能量不稳定，也可能是裂缝产液阶段式突进的影响。

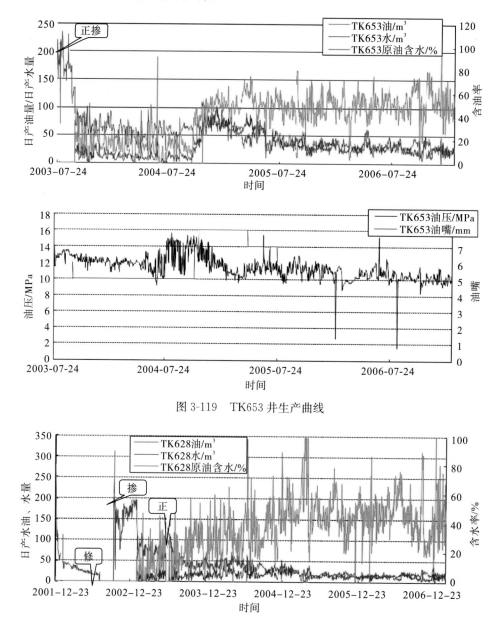

图 3-119　TK653 井生产曲线

图 3-120　TK628 井生产曲线

从 S66 井的测井解释以及缝洞解释、综合柱状图（图 3-122）、生产曲线（图 3-123）结果可以判断，该井在奥陶系为大段裂缝发育，测井解释为油气层。从地震剖面上看（图 3-124），S66 井旁 S—N 向剖面和 W—E 向剖面均未出现串珠状的异常体，同样可以证明 S66 井为微裂缝发育。

TK604 井是人工井底 5549.83 m，2000 年 12 月 13 日对 5502.43~5549.83 m 层段进行酸压，射孔层段：5506~5510 m，5524~5528 m。从综合柱状图中可以看出产层段距

鹰山组风化壳上顶面很近，而且该井做了 FMI 成像测井，从结果上可以看出为大段裂缝段(图 3-125)。

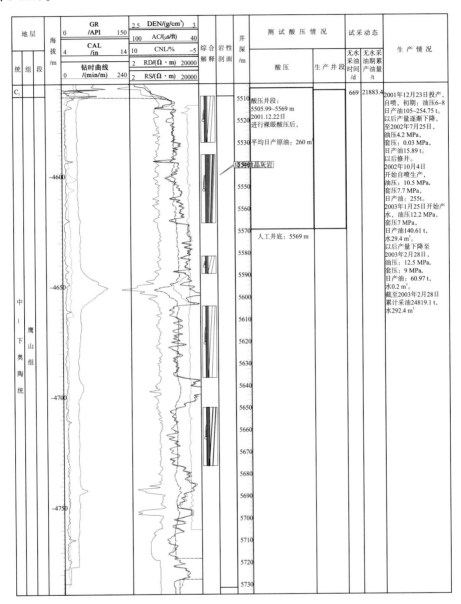

图 3-121　TK628 井综合解释剖面图

综合分析 2003 年 8 月 14 日的产液剖面，该井产液层段主要为 5520.0 m 以下，其生产特征以及水驱曲线与 S66 井都很相近，同样为裂缝产水特征。

S88 井井深 5628.27～5633.97 m 处钻具放空，漏失泥浆 40 m³。生产井段距鹰山组风化壳上顶面很大，虽有放空漏失现象发生，但未建产能，图 3-126 为该井的综合解释剖面图。

从采油曲线可以看出 S88 直井段从投产时地层能量就不充足，产液量很低，几乎没有产液体。S88CX 侧钻之后地层能量也很低，看似没有怎么产液，伴随着机抽后产液量也很低，应该为缝产水。

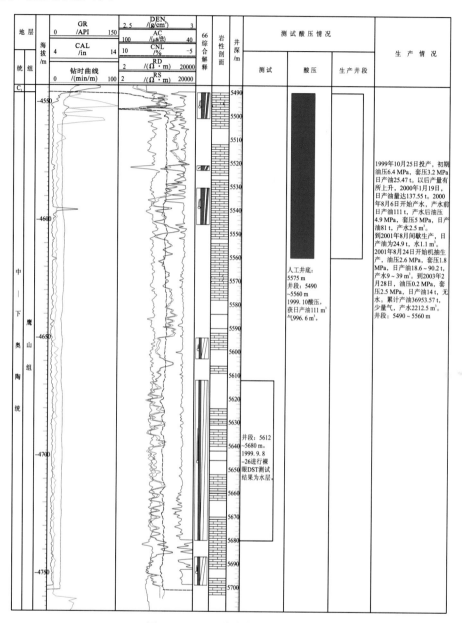

图 3-122　S66 井综合解释剖面图

总体来看，S66 单元存在上下两套缝洞层，尤其 TK653 井，从 TK653 井生产测井资料来看，垂向上并不连通，但是在横向上，各井多表现出裂缝产水的相似性，并存在相对统一的水体、油水分布形式。

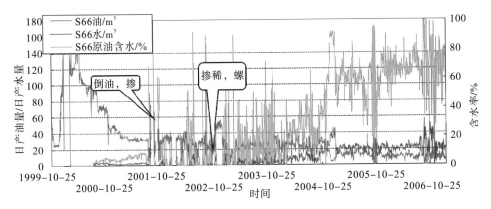

图 3-123　S66 井生产曲线

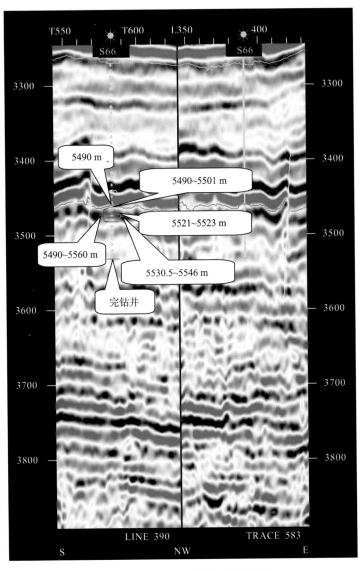

图 3-124　S66 井地震时间偏移剖面

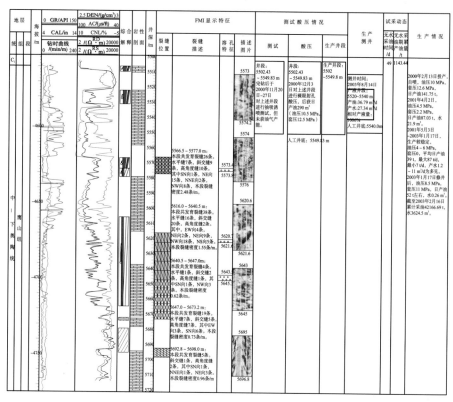

图 3-125　TK604 井综合解释剖面图

8. TK816 单元油水形式－单层缝洞油井不同部位反映油水分布差异

TK816 井 2004 年 3 月 15 日对 5608.61～5700 m 裸眼段进行了酸压施工(图 3-127)。人工井底在 5700 m，本次酸压沟通了酸压井段附近的缝洞系统，提高了酸压裂缝和天然裂缝的导流能力，达到了改造储层的目的。

本井生产情况表明酸压沟通了有效储集空间，但由于原油体积不大，在用 6 mm 生产一段时间之后换 8 mm 油嘴，造成底水突破井底，油井停喷，油压及产量大幅下降。转抽后初期有一定产液量，油水同出，但随着时间的增加，油井逐渐被水淹，关井压锥效果不佳，含水率在 95％以上。

本井进行过两次产液剖面测井，2004 年 8 月 12 日～8 月 15 日对该井进行了第一次产液剖面测井，解释结果如表 3-38 所示，解释结果表明主要产液层位于下部 5686.5～5700 m。

第二次测井时间为 2005 年 4 月 27 日～4 月 28 日，产液井段 5689～5700.0 m，产油 0 m³/d，产水 103.8 m³/d；相对产液量 100％。

两次生产测井均表明产液层段位于中下奥陶统一间房组 5686.5～5700 m 地层。

该井地震时间偏移剖面如图 3-128 所示，剖面显示在中下奥陶统顶面附近具有串珠状强反射异常体，这是缝洞发育的特征，因此该井附近存在一个缝洞体。

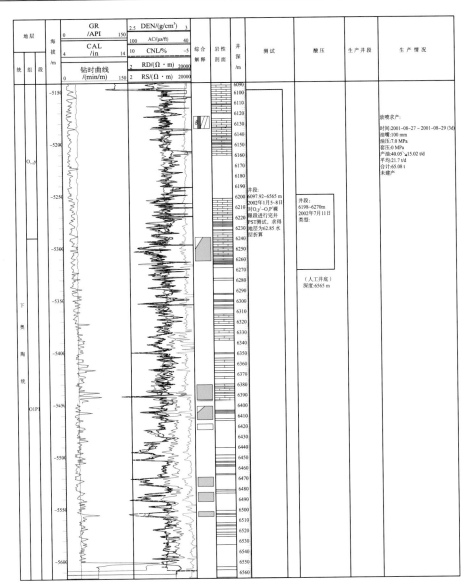

图 3-126 S88 井综合解释图

表 3-38 T816K 井生产测井产液数据表(2004-08-12)

序号	综合解释层段/m	产出剖面结论	相对产液量/%	综合结论
1	5609.5~5615.0	可能次产层	18.0	可能次产出层
2	5654.0~5662.0	微产层	10.5	微产出层
3	5686.5~井底	主产层	71.5	主产出层

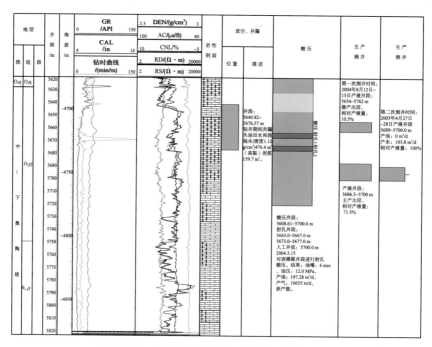

图 3-127　T816(K)井奥陶系综合录井成果图

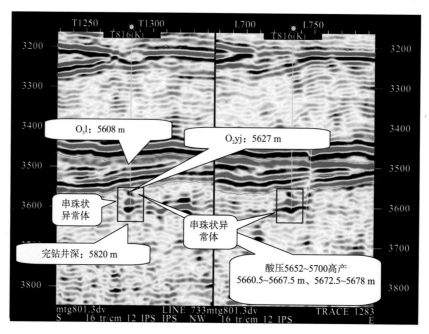

图 3-128　T816(K)井地震时间偏移剖面

该井中下奥陶统缝洞较发育，结合录井结果及产液剖面测试资料认为发育多层缝洞，上部为主要产油层段，下部为主要产水层段。

TK831 井钻井中发现两次放空并发生漏失，漏失泥浆 180 m³，放空井段：5688.89～5689.12 m，5693.25～5700.21 m。地质录井结果表明中下奥陶统鹰山组地层溶蚀缝洞发育(图 3-129)。

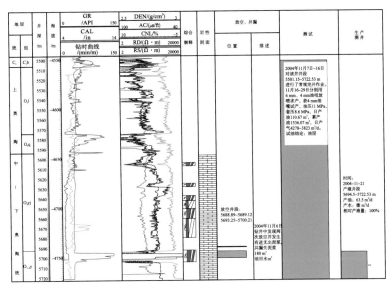

图 3-129　TK831 井奥陶系综合录井成果图

本井生产情况表明油体具有一定能量，水体不活跃，转抽后产水量不高，表现底水推进的特点。

2004 年 11 月 21 日，对该井进行了产液剖面测井，认为该井目前的产液主要来自 5694.5 m 以下井段。

本井地震时间偏移剖面如图 3-130 所示，剖面显示在生产井段具有串珠状强反射异常体，这是缝洞发育的特征。本井中下奥陶统鹰山组地层缝洞较发育，生产情况表明具有一定能量，产量不高，说明油体体积不大；结合录井结果及产液剖面测试以及生产特征认为本井储层空间为溶洞。

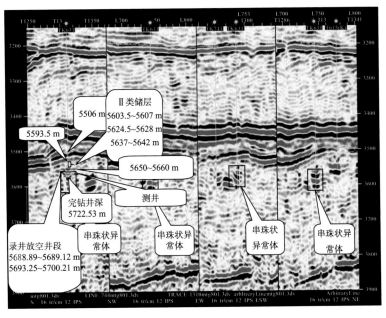

图 3-130　TK831 井地震时间偏移剖面

　　T815(K)井在井深 5654.11 m 钻遇漏失，并在 5656.14~5658.04 m、5658.9~5667.2 m 井段间断放空，后强钻至井深 5676.74 m 井口溢流出地层水，反映缝洞发育(图 3-131)，但是测试未建产能。

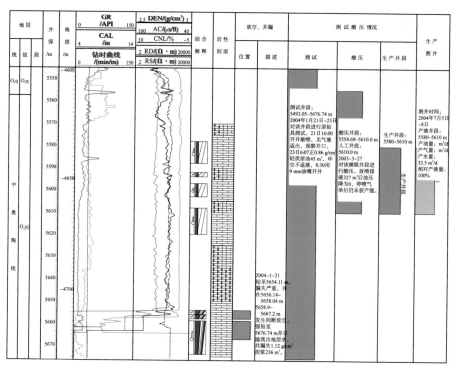

图 3-131　T815K 井奥陶系综合录井成果图

　　2004 年 3 月 27 日对该井 O_1 油层 5555~5610 m 裸眼井段进行酸压仍未建产能。2004 年 7 月 5 日~2004 年 7 月 8 日侧钻前，测试结果表明产出层段在 5580 m 以下，产出层为水层。

　　本井侧钻前后共取水样六次，分析化验结果表明侧钻前水样与奥陶系深部洞穴地层水特征相似，侧钻后水样与奥陶系上部地层水样特征相似(图 3-132、图 3-133、图 3-134)。TK815 井缝洞发育但都属于孤立的水洞，未建产，侧钻后油水同产。

　　TK741 井钻至井深 5650 m 出现漏失并失返，在井深 5657.62 m 时发生溢流，其间间断放空。通过测试 5504.44~5657.62 m 井段为油层。生产情况表明油水同出。在地震剖面(图 3-135)S—N 方向、W—E 方向均发育串珠状异常体，剖面位于 TK741 井与 TK831 井之间。

　　该单元 TK816 井表现为裂缝生产特征，而 TK831 井是孔洞生产的特点，两者能量特征相近，应该处于一个缝洞单元，只是位于同一缝洞单元的不同部位，导致产水机理的差异。

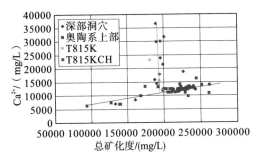

图 3-132　T815K、T815KC 矿化度与 Ca^{2+} 关系

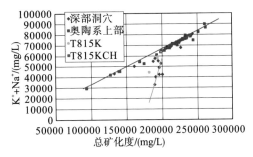

图 3-133　T815K、T815KC 矿化度与 K$^+$+Na$^+$ 关系

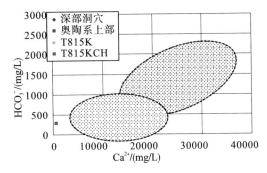

图 3-134　TK818C、奥陶系上下地层水 Ca^{2+} 与 HCO$_3^-$ 关系图

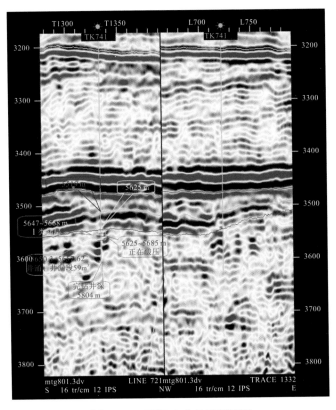

图 3-135　TK741 井地震剖面图

　　总结：不论是单一的还是复杂的缝洞单元，油水分布形式主要取决于缝洞结构以及油气水赋存状态。从上述分析来看，单层缝洞产出型的有 T807 单元、S65 单元、TK816 单元，其中 T807 单元是典型的水洞，S65 单元具有底水特征同时个别井区有残留水体，TK816 单元是同一缝洞单元中油井分别以裂缝、孔洞沟通的缝洞体，引起生产动态的差异。双层缝洞产出型有 TK404 单元、T701 单元、T808(K)单元、S48 单元、S66 单元、TK832 单元，其中 TK404 单元垂向上两层洞不连通，下部有残留水体、上部可能有混源水；T701 单元垂向上两层洞不连通，上下两层水质有差异；T808(K)单元为双层水洞，S48 单元具有相对统一的底水；S66 单元具有相对底水；TK832 单元垂向连通情况不明，但是上部产气、下部为纯水洞，有上气下水的特点；TK725 单元为多层缝洞产出型的纯油洞，局部有残留水体；S74 单元是有裂缝、断层沟通分散的缝洞体，具有多个水体(或残留水体)；T803(K)单元孔洞依附于断层发育，裂分产水特征具有残留水体。

　　总体来看，油水分布的复杂性，并不取决于是单井单元，还是多井单元，更重要的是垂向上储集体的分布、连通与否以及流体赋存决定着油水分布形式，因此在研究过程中，应在缝洞体钻井、测井、地震解释的基础上，从能量动态、流体性质、产出特征等方面分析油水分布形式。这一问题复杂性还表现在同井不同资料间的多解性甚至矛盾、井间的多解性和矛盾；在静态资料分析中测井、地震以钻井为标准，尤其是对缝洞段的解释，在动态资料方面，单井生产数据能反映产层段共同的特征，用以判断产水类型、能量大小、供液的变化等，产液剖面可以剥离不同产层段的供液能力，并在原油性质、水质分析资料的匹配下分析垂向上的差异，同时又可以分析井间连通性，注意静态资料与动态资料间的印证以及动态信息对静态结论的修正。

第4章 塔河底水砂岩油藏水平井出水规律

　　塔河1区三叠系油藏包括两个含油区块，油藏类型属边底水、低幅断背斜、中孔、中高渗透砂岩、常温常压未饱和油藏，探明含油面积为 16.33 km²，地质储量 1240.2 万 t，2009 年底标定采收率为 45.6％，可采储量为 56.5 万 t。截至 2010 年 12 月底，塔河1区三叠系下油组油藏共有开发井 49 口，开井 48 口（其中自喷井 9 口，机抽井 39 口）；区块日产液水平 1994.5 t，平均单井 41.5 t，日产油水平 516.5 t，平均单井日产油 10.8 t，综合含水 74.1％，年产油 17.6 万 t，采油速度 1.42％，累产油 291.9 万 t，采出程度 23.52％，折算年自然递减 35.2％，年综合递减 17.5％，如图 4-1。

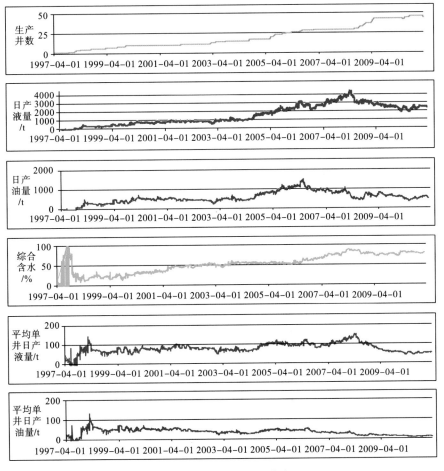

图 4-1　1区综合采油曲线

　　塔河 9 区三叠系油藏包括三个含油区块、5 个含油圈闭，油藏类型属边底水、低幅断背斜、中孔、中高渗透砂岩、常温常压未饱和油藏，探明含油面积为 14.4 km²，地质储量 959.38 万 t，2009 年底标定采收率为 45.7%，可采储量为 438.4 万 t。截至 2010 年 12 月底，塔河 9 区三叠系下油组油藏共有开发井 39 口，开井 35 口（自喷井 12 口，机抽井 23 口）；区块日产液水平 1478 t，日产油水平 411.5 t，平均单井日产油 11.8 t，综合含水 72.17%，年产油 17.3 万 t，采油速度 1.80%，累产油 162.06 万 t，采出程度 16.88%，综合递减 25.31%，自然递减 35.94%，如图 4-2。

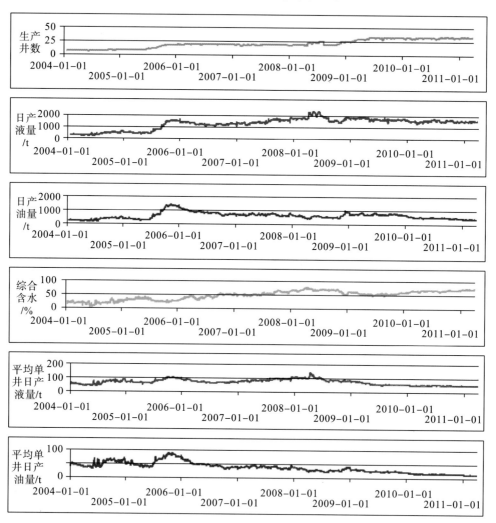

图 4-2　9 区综合采油曲线

4.1　油藏产水分析

4.1.1　生产动态分析

截至 2011 年 3 月底，塔河 1 区下油组油藏共有开发井 49 口，开井 48 口（其中自喷井 9 口，机抽井 39 口），根据投产初期日产油量大于 100 t、100~50 t、小于 50 t，将所有生产井分为三类：

（1）高产井：投产初期日产油量大于 100 t 的。S51、TK102、TK101 等 14 口井，平均日产油 28.4 t。高产井主要位于构造高点，大部分井以机抽为主要采油方式，大部分井含水率都小于 80%，大约占高产井总数的 71%。

（2）中产井：投产初期日产油量介于 100~50 t。TK103、TK109H、TK110H 等 18 口井。中产井主要位于构造高点，平均日产油 22.6 t，含水上升以缓慢为主，72% 的井处于低－中含水阶段。

（3）低产井：投产初期日产油量小于 50 t 的井，S41、TK113H、TK117H 等 16 口。平均日产油 11 t，最大的达到 29.4 t，如 TK145H。大部分单井位于构造低点，含水上升以快速为特征，含水率基本都大于 60 %，也就是说低产井绝大部分单井属于中含水采油期。

截至 2011 年 3 月底，塔河 9 区三叠系下油组油藏共有开发井 39 口，开井 34 口（自喷井 10 口，机抽井 24 口）。根据投产初期日产油量大于 100 t、100~50 t、小于 50 t，将所有生产井分为三类：

（1）高产井：投产初期日产油量大于 100 t 的井，S95、TK907H、TK908DH 等 10 口井。除 TK924H 井以外其余井都位于构造中、高部位，投产一定时间后，除 TK924H、S95、TK935、TK921 井以外其他井日产油都在 50 t 以上。单井含水率有高有低，从 16.5% 到 99.8%。

（2）中产井：日产油量在 50 t 到 100 t 的井为中产井，有：TK905H、TK906H、TK909H 等 13 口井。以构造高部位的井和构造低部位的井居多，少数井位于构造低部位。构造高部位的井，含水稳定时日产量稳产时间长，含水上升慢，而构造低部位的井初期只稳产了 2 个月，含水稳定时日产量稳产时间短，含水上升快。

（3）低产井：日产油量小于 50 t 的井，有：S100、T912CH、TK925H 等 11 口。

4.1.2　单井产水特征

在单井产水特征上分别从无水采油期长短和含水率等级两种情况进行分析。

1. 按照无水采油期分类

按照单井生产有无无水采油期对生产井产水分为 3 类：第一类是无水采油期长即无水采油期大于 100 天，第二类是无水采油期短即无水采油期小于 100 天，第三类是开井就见水。

1）无水采油期长的井

1 区无水采油期长的井一共有 12 口，多数位于构造高部位，含水率早期上升缓慢后加快。当时含水率变化范围：35.4%～82%，平均含水率 71%。9 区无水采油期长的井有 S95、TK905H、TK906H 等 14 口井，无水采油期长，其他单井日产油都大于 12 t。

2）无水采油期短的井

1 区属于无水采油期短的井一共有 12 口，当时含水率变化范围：36.5%～80.2%，含水率平均 68%。9 区无水采油期短的井有：TK909H、TK910H、TK924H 等 11 口，当时含水率变化范围：50.8%～100%，平均 80.1%。1、9 区比较来看，1 区含水率数值变化范围要偏低。

3）投产就见水的井

1 区没有无水采油期的井即投产就见水的井，一共有 17 口，这些井普遍都是投产就见水，投产开始含水上升就比较快，当时含水率变化范围：3.1%～90.8%，除了 S41、S29CH 两口井以外，其余 15 口井含水率均较高，平均 78%，不久将进入高含水采油阶段。9 区投产就见水的井有：S100、T912CH 等 5 口井，该阶段含水率变化范围：42.6%～90%，平均 67%，其他井含水率小于 80%

塔河 1 区各个生产井的无水采油期长短与构造位置、避水高度和夹层的分布以及夹层厚度有着密切的关系。塔河 1 区生产井无水采油期大于 100 天的有 12 口，投产日期有早有晚，除了 TK107H 和 TK112H 两口井，其余 10 口井都位于构造高点，油层厚度平均 21 m，避水高度平均 15.2 m，大部分井均有夹层发育，反映了无水采油期大于 100 天的各个生产井绝大多数位于构造高点而且夹层发育。开井就见水的 17 口井，多数位于构造低部位。

同样，9 区各个生产井的无水采油期长短与构造位置、避水高度和夹层的分布以及夹层厚度有着密切的关系。从统计结果看，构造位置是影响无水采油期长短的主要因素，其次单井投产早晚也是其中的一个影响因素，后期投产的井周围邻井（老井）含水饱和度已经上升很高了，这种新井尽管位于高部位，但是无水采油期短或者投产初期就见水。

2. 按含水率分类

根据塔河 1、9 区下油组油藏单井实际产水情况，可以按照含水率不同的数值界限：20、60、80 把单井产水类型分为低含水、中含水、中高含水、高含水 4 种类型。

1）1、9 区含水率分类对比分析

通过 1、9 区含水率分类统计对比表 4-1 和对比图 4-3，发现 1、9 区含水率差异较大，1 区含水率主要集中在 60%～80%，9 区含水率集中在大于 80%，也就是说该阶段 9 区接近 50% 的单井已经处于高含水采油阶段，1 区大多数井在中高含水期（f_w：60%～

80%)生产采油。

表 4-1　1、9 区含水率分类统计表

	$f_w<20$		$20<f_w\leq60$		$60<f_w\leq80$		$f_w>80$	
	井数	百分比	井数	百分比	井数	百分比	井数	百分比
1 区	2	4	4	8	31	65	11	23
9 区	3	9	5	15	10	29	16	47

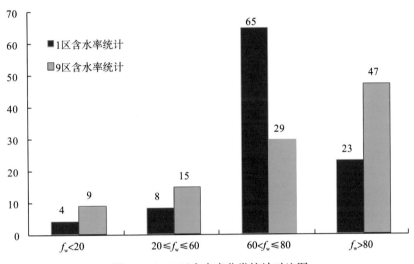

图 4-3　1、9 区含水率分类统计对比图

2)1、9 区含水率上升速度分析

1、9 区目前含水率上升速度结果见图 4-4 和图 4-5，1 区 48 口生产井中，含水上升速度大于零的有 22 口井，占总生产井井数的 45%。9 区 34 口生产井中 26 口单井含水率上升速度大于零，占 76%。相比而言，9 区单井含水率上升速度要快些，这种井在以后生产中要值得注意，尤其是含水上升速度大于 3% 的，例如，1 区 S51、TK132、TK126H 等 17 口井，其中上升速度最快的是 TK132 井，当时含水率 54.1%，日产油22.8 t；9 区亦然，含水上升速度大于 3% 的有 18 口，在以后的开发中要重视其单井生产动态，做到预防含水快速上升。

4.1.3　油藏产水特征

截至 2011 年 3 月底，塔河 1 区三叠系下油组油藏共有开发井 49 口，开井 48 口(其中自喷井 9 口，机抽井 39 口)，区块日产液水平 1651.18 t，平均单井 37.5 t，日产油水平 594.5 t，平均单井日产油 13.5 t，该阶段综合含水 78.2%，当时第一个季度产油 5.1万 t，累产油 303.8 万 t，采出程度 24.5%。

截至 2011 年 3 月底，塔河 9 区三叠系下油组油藏共有开发井 39 口，开井 34 口(自喷井 10 口，机抽井 24 口)，区块日产液水平 1322.89 t，平均单井 38.9 t，日产油水平

596.8 t，平均单井日产油 17.6 t，该阶段综合含水 71.7%，当时第一个季度产油 3.6 万 t，累产油 157.01 万 t，采出程度 18.6%。

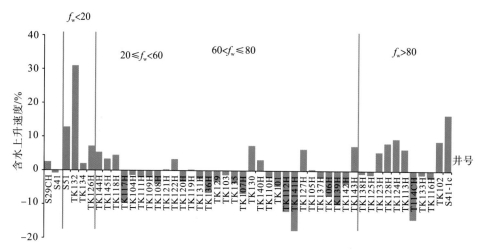

图 4-4　1 区单井含水率上升速度图

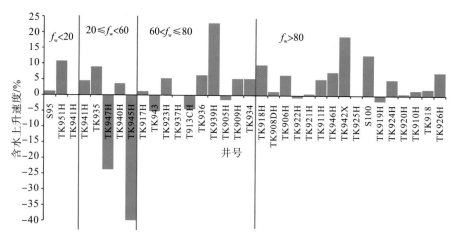

图 4-5　9 区单井含水率上升速度图

1 区 48 口单井中 29 口单井日产油上升，18 口单井日产油下降，1 口井日产油不变，总体来讲 1 区单井日产油上升 39.9 t。其中，TK121H、TK122H、TK123H 等一些单井在 2010 年底产油量经过措施有所上升，此阶段这些单井日产油有所下降，主要原因含水上升速度太快。而像 TK133H、TK137H、TK139 等单井日产油在 2010 年底是下降的，此阶段日产油有所上升，例如，TK141H 井在 2010 年底日产油下降了 13.8t，本阶段比较 2010 年底上升了 10.8 t，这些单井经过措施后含水率明显有所下降。

将 9 区单井 2011 年 3 月 28 日的日产液、日产油和综合含水与 2009 年 12 月、2010 年 12 月相对比进行了统计。26 口单井目前日产油下降了，其余 8 口日产油上升。整体来讲，9 区单井日产油是下降的，单井日产油一共下降了 42 t。其中有些单井 2010 年底产量有所上升，之后产量有所下降，主要是由于含水率上升所致，例如，TK909H、TK926H、TK938H 等 8 口井。另外，有 TK919H、TK925H、TK905H 等 8 口井产油量变化比较大，2010 年底产油下降、本阶段产油上升，TK947H 井的日产油 2010 年底降了 25.3 t，此阶段上升了 18.6 t，含水上升速度为 23.8%，也就是说当前含水率较 2010 年底降了 23.8%，这正是产油上升的原因。

综上所述，该阶段 1 区综合含水 78.2%、9 区综合含水 71.7%，1 区大部分单井含水率为 60%~80%，9 区接近 50% 的单井含水率大于 80%，9 区含水上升速度比 1 区快。

4.2　水平井出水模式分析

4.2.1　水平井出水类型的划分

在前文动态分析的基础之上，可知 9 区含水上升速度要快，有接近 50% 的单井 f_w 大于 80%；1 区含水上升相对较慢，大多数井 f_w 为 60%~80%。

根据 1、9 区水平井产水特征，将水平井出水类型划分为 3 种：底水脊进型、复合型、含水饱和度上升型。

1. 底水脊进型

底水脊进型单井是在开发一定阶段后沿高渗透带水窜，大部分单井位于构造低部位，投产即见水或者无水采油期较短，单井出水后，含水率上升快，含水率形态多呈厂字形，大部分原油都是在高含水采油阶段采出来。1 区属于底水脊进型单井有 S41、TK117H、TK121H 等 12 口；9 区属于底水脊进型单井有 TK951H、TK945H 等 13 口。

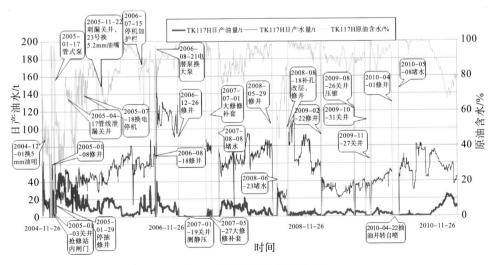

图 4-6　TK117H 井采油曲线

TK117H 井于 2004 年 11 月 26 日投产（图 4-6）即见水，含水率上升快，含水率形态呈厂字形，当前含水率 77.2%，日产油 13.7 t。TK117H 井构造部位属于中部位，油层厚度10.6 m，夹层0.7 m，水平段渗透率值普遍偏高（图4-7），夹层薄、具有高渗带、构造位置偏低等导致TK117H井底水发生脊进，水窜严重。

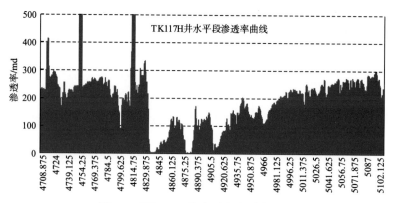

图4-7　TK117H井水平段渗透率曲线

　　TK926H井于2005年10月5日投产（图4-8），具有较长的无水采油期，但出水后含水率很快就上升到80%以上，一直居高不下。含水率形态呈厂字形，当前含水率为82.6%，日产油12.3 t。TK926H井构造位置属于中部、油层厚度15 m、无夹层、避水高度13 m、水平段高渗段渗透率达到1900 md（图4-9），渗透率极差大，导致TK926H井生产时发生底水脊进，含水快速上升。

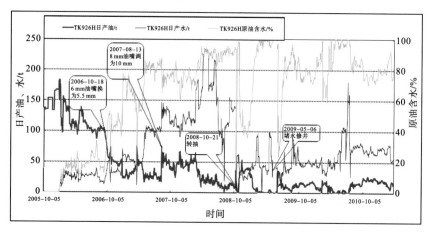

图4-8　TK926H井采油曲线

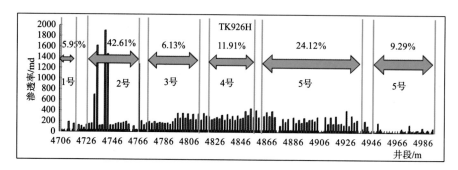

图4-9　TK926H井水平段渗透率曲线

2. 复合型

复合型是介于底水脊进型和含水饱和度上升型之间的一种出水类型，其生产特征也是同时具有底水脊进型和含水饱和度型两种出水类型的生产特征，1 区有 28 口单井、9 区 16 口单井生产特征属于复合型。

TK109H 井于 2002 年 1 月 7 日投产(图 4-10)，无水采油期 499 天，见水后，含水率直线上升，上升速度小于厂字形含水率、大于反 S 形含水率，经过化堵后含水率在 80%左右。TK109H 井位于构造高点、避水高度 18.1m、无夹层、从水平段渗透率曲线 (图 4-11)看出两点：一是渗透率极差大，二是渗透率值普遍偏高。TK109H 井无夹层，渗透率是影响出水特征的主要因素。

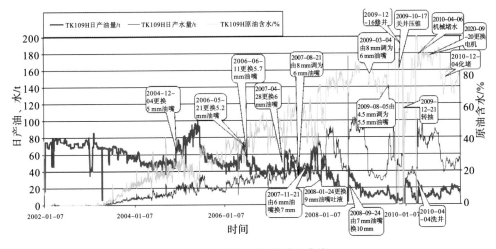

图 4-10　TK109H 井采油曲线

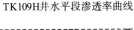

TK109H井水平段渗透率曲线

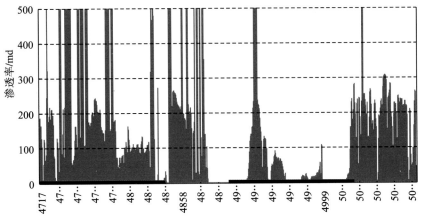

图 4-11　TK109H 井水平段渗透率曲线

3. 含水饱和度上升型

含水饱和度上升型是指含水饱和度上升导致单井含水上升的一种出水类型。这种出水类型生产特征有：含水是缓慢上升，大部分原油在中低含水期采出，含水率形态多呈反 S 形或者直线形。1 区的 7 口、9 区的 5 口井属于含水饱和度上升型。

TK905H 井于 2003 年 6 月 17 日投产，无水采油期 455 天，出水后，含水率缓慢上升，曲线形态呈反 S 形（图 4-12），以中低含水采油期为主，当前日产油 16.5 t，含水率 78.7%。

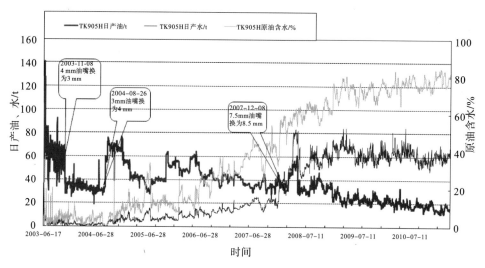

图 4-12　TK905H 井采油曲线

4.2.2　水平井出水判别方法

4.2.2.1　含水率曲线

含水率曲线是描述单井出水规律常用的一种方法。在油藏不同开发阶段，含水率有着不同的出水特点。在前文产水特征分析基础上，根据含水上升速度以及含水率形态分为：厂字形、直线形和反 S 形三种。

厂字形出水特征：一般是投产即见水或者无水采油期短，见水后含水率短期内很快上升到 80%，含水上升速度快，月含水上升速度一般都超过 3%，都是在高含水期采出大部分原油。反 S 形出水特征：一般是无水采油期长，见水后含水率上升速度较慢，都是在中低含水期采出大部分原油。直线型的出水特征介于厂字形和反 S 形之间，相比较而言，1 区含水率反 S 形相对较多。

4.2.2.2 水驱曲线法及导数曲线

1. 直井水驱曲线特征

水驱曲线是反映油藏整体水驱能量变化规律的一种曲线，目前关于碎屑岩油藏直井生产的水驱曲线类型有 100 多种，最常用的是甲型水驱曲线，甲型水驱曲线的直线段是分析油藏水驱特征并进行定量分析的重要基础；另外直线段出现之前的曲线反映油藏水驱不稳定的特点。前人认为，在油藏综合含水率达到 30%～40% 或者更高的时候，甲型水驱曲线将会出现直线段，反映了整个油藏水驱进入稳定状态，在生产特征表现出没有水窜（或者锥进）等特点。

2. 水平井与直井的水驱曲线差异

1、9 区是以水平井为主的底水砂岩油藏，水平井的水平段大都两三百米长，与直井有较大的差别，所有的直井和水平井的生产特征有很大的不同，而在水驱曲线形态上，水平井与直井也存在很大的差异。

1）直线段前不稳定水驱时段长

对比直井和水平井水驱曲线形态发现，水平井的水驱曲线在直线段出现前的不稳定水驱时段要明显的长一些，1 区水平井具有此特征的单井，如 TK119H（图 4-13）、TK122H 井，反映了水平井生产过程中，进入稳定水驱的干扰因素比直井更加多样化。

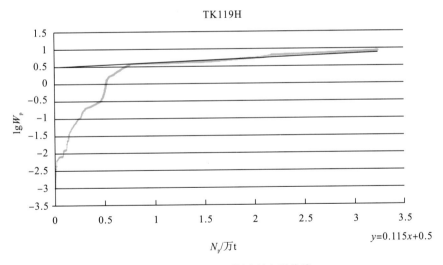

图 4-13 TK119H 井甲型水驱曲线

2）在直线段之后有上翘现象

水平井水驱曲线形态另一特点是在直线段后出现了上翘。这在直井生产中很少见，1区水平井具有代表性的单井有 TK107H（图 4-14）、TK109H 井，反映了水平井生产更早更快地进入了高含水采油阶段，这也是水平井的脊进（或者锥进）水窜特点较直井更加突出的反映。

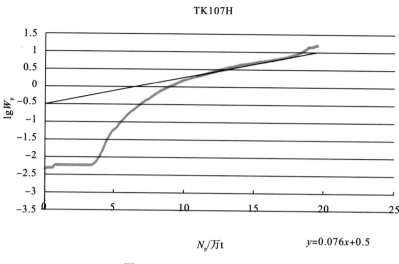

$$N_p/\text{万t} \qquad y=0.076x+0.5$$

图 4-14 TK107H 井水驱曲线

3）没有直线段

与直井类似，有些水平井一直没有进入稳定水驱阶段，在水驱曲线上没有出现直线段，1 区水平井，如 TK124H（图 4-15）、TK125H 井。

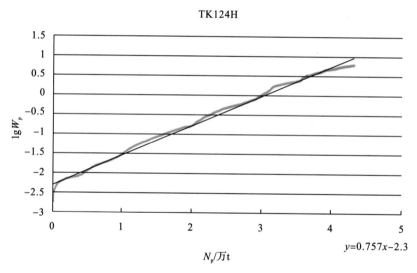

$$N_p/\text{万t} \qquad y=0.757x-2.3$$

图 4-15 TK124H 井水驱曲线

3. 水驱曲线导数曲线

水驱曲线特点：一是通过累产油、累产水、累产液等一系列累计量反映水驱能量大小及变化规律，二是对数坐标系。这两点就决定了水驱曲线是从油藏整体开发角度进行宏观描述水驱规律的，不能看出每一开发阶段的水驱规律波动性，为了更加细致地刻画各个生产阶段的水驱规律，可以利用曲线导数的敏感性；本次研究对所有单井的甲型水驱曲线进行了求导，绘制了甲型水驱曲线的导数曲线。水驱导数曲线能够更加细致地反映油藏底水水驱过程瞬时变化，这对于生产更具有指导性、预测性。

以 TK106H 井为例说明水驱导数曲线特点(图 4-16)，图中蓝色曲线为水驱导数曲
线，棕色为水驱曲线，TK106H 井有一段无水采油期，对应图上两条曲线前端的非常平
直的直线段。刚刚产水时候，属于不稳定水驱阶段，水驱速度特别大，曲线波动很大，
导数值特别大，基本大于 1；而进入稳定水驱阶段(水驱曲线出现直线段)，水驱趋于稳
定，曲线波动变化小得多，导数值变小，趋于定值，基本小于 1；这些特点可以更好地
突出水平井水驱特征，对于研究水驱特点增加了一个新的途径。

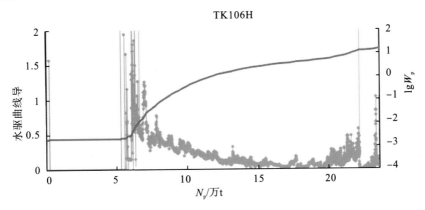

图 4-16　TK106H 井水驱导数曲线和水驱曲线

4.2.3　水平井渗流特征分析

目前，关于水平井椭球渗流理论认为(图 4-17)，假设均质地层、忽略井筒压降等假
设条件下，水平井渗流是一个椭球体，水平段两端压降最大，供液能力最大，正因如此，
在水平段产液情况来看，会出现 U 字形产液特征。

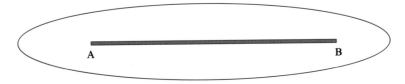

图 4-17　均质地层忽略井筒压降示意图

图 4-18 为均质地层、考虑井筒水平段压降的压降示意图，水平段两端的压降关系：
$\Delta P_A > \Delta P_B$，两端供液能力相应的有所变化，A 端的供液能力大于 B 端，在水平段产液
上可能会出现楔子形产液特点。

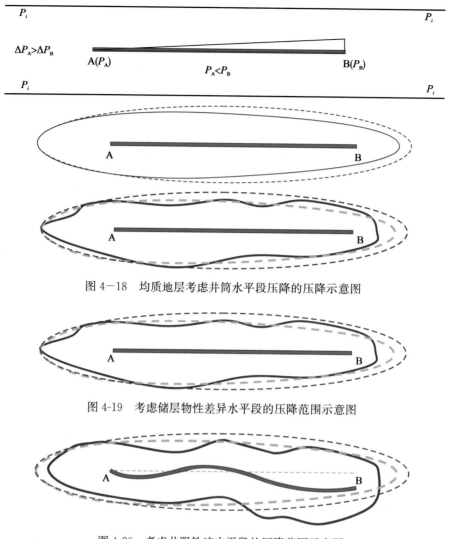

图 4-18　均质地层考虑井筒水平段压降的压降示意图

图 4-19　考虑储层物性差异水平段的压降范围示意图

图 4-20　考虑井眼轨迹水平段的压降范围示意图

　　图 4-19 为考虑储层物性差异后水平段的压降范围示意图。储层物性差异、不均匀性导致水平段压降边缘是不规则的；图 4-20 为考虑井眼轨迹后，水平段的压降范围示意图。

　　总而言之，A、B 两端的压降范围大，水平段呈现 U 字形产液特征，同时由于井筒的压降也可能产生楔子型产液特征。在水平井渗流特征方面，由于储层物性差异、井眼轨迹，井筒水平段压降不再是椭球体而应该是不规则椭球体，这些渗流特征决定了水平井水平段出水特征，也是分析出水模式的基础。

4.2.4　水平井出水模式分析

　　为了更准确地区分水平井与直井的水驱特点、判断水平井水驱曲线的类型，利用单井水驱曲线导数曲线特点，结合水驱曲线共同判断水驱特征，根据曲线变化特征，对所有的单井出水模式划分了 4 种类型。

1. 出水模式分类

1）不稳定水驱

1、9 区单井属于不稳定水驱类型，1 区共计 12 口、9 区共计 13 口属于不稳定水驱类型。不稳定水驱型的单井以底水脊进（或锥进）为特征，多数单井投产就见水或者无水采油期短，含水率曲线形态多数呈厂字形，很快进入高含水采油阶段，出水类型属于底水脊进型，产水特征是：水窜严重、含水率高、含水上升速度快。水驱曲线直线段不明显或者有多个直线段。水驱导数曲线形态杂乱无章，曲线上下波动变化大，没有规律可循，没有平稳段或者直线段。

S41 井于 1997 年 4 月投产，是 1 区投产最早的一口直井，投产就见水，含水率很快就达到 92％左右，一直居高不下，含水率曲线形态呈现厂字形，含水上升速度快，经过多次关井、修井、补孔改层等多项措施，当前含水率 3.1％，日产油 10.2 t。看起来，S41 井水驱曲线是常见的反 S 形态（图 4-21），具有明显的直线段，形态比较规则，而水驱导数曲线上下波动很大，没有比较平稳的直线段，进一步刻画了水驱瞬间变化很大，是一种属于不稳定水驱类型的出水模式，呈现了底水脊进水窜不稳定的特点，说明了S41 井在生产过程中具有水驱不稳定特点。S41 井打在油藏边部，构造位置比较低，这是造成 S41 井投产就处于水驱不稳定的主要原因。

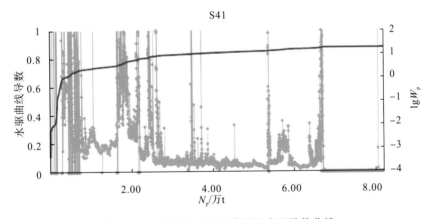

图 4-21　1 区 S41 井水驱曲线和水驱导数曲线

1 区 TK117H 井也是属于不稳定水驱类型的出水模式，TK117H 井于 2004 年 11 月26 投产，投产生产就见水，含水率一个多月后就到达 97％特高含水，一直为高含水采油，经过关井压锥、补孔改层、堵水等多项措施，含水下降为 80％左右，日产油 13.7 t。TK117H 井水驱曲线形态（图 4-22）也是反 S 形，直线段不明显，看似投产不久就出现了直线段，其实由于对累计量和取了对数，掩盖了很多段细小波动，若仔细地看，可以看出水驱曲线上具有很多锯齿，而通过水驱导数曲线，可以看出自生产以来，曲线一直是上下波动剧烈，一直没出现稳定的直线段，这是一种典型的不稳定水驱类型的出水模式，反映了 TK117H 井在生产过程中，底水驱动具有强烈的不稳定性，导致了 TK117H 井含水率快速上升，含水率曲线形态是厂字形。

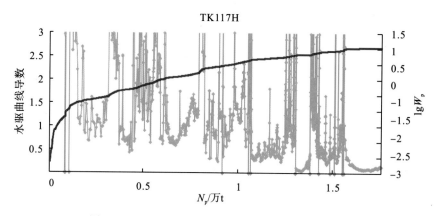

图 4-22　1 区 TK117H 井水驱曲线和水驱导数曲线

　　9 区不稳定水驱类型以 S100、TK919H、TK945H 井为例进行分析。9 区 S100 井是 9 区较早投产的一口直井，位于油藏边部，投产即见水，大约一年后含水率达到 98%，经过一定的措施调整含水率有所下降，但后来有所上升，2005 年 4 月以后含水率一直是大于 80%，含水率曲线为厂字形，属于含水速度快速上升型。S100 井的水驱曲线（图 4-23）形态比较规则，属于常见的反 S 形，导数曲线数值范围变化大，曲线上下波动大，说明在实际水驱动过程中水驱是极其不稳定的，生产是以底水脊进水窜为特征的，S100 井是一典型的不稳定水驱类型。

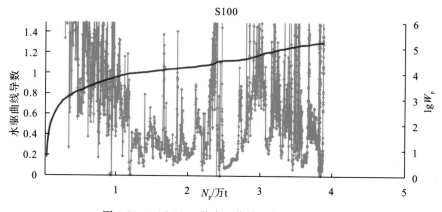

图 4-23　9 区 S100 井水驱曲线和水驱导数曲线

　　TK919H 井于 2006 年 1 月 12 日投产，位于油藏边部，投产即见水，含水率曲线形态是厂字形，属于含水快速上升型，水驱曲线比较平直，导数曲线（图 4-24）杂乱无章，曲线跳跃大，是一种典型的不稳定水驱类型。9 区的另一口典型井：TK945H 井，是一口新井，无水采油期极短，大约一年后含水很快就到达 80%，含水率曲线形态属于直线形，含水上升速度中等，介于厂字形和反 S 形之间，其水驱曲线直线段不是很明显，而其导数曲线（图 4-25）则是跳跃性的，上下波动很大，无规律可言，也是一种典型的不稳定水驱类型。

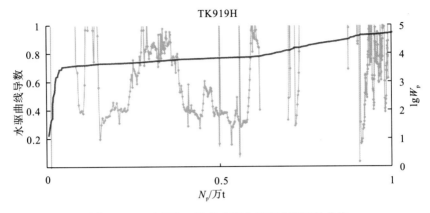

图 4-24 9 区 TK919H 井水驱曲线和水驱导数曲线

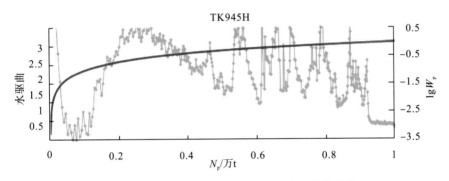

图 4-25 9 区 TK945H 井水驱曲线和水驱导数曲线

2)部分稳定水驱

1、9 区单井属于部分稳定水驱类型，1 区共计 6 口、9 区共计 8 口井属于部分稳定水驱类型。对于部分稳定水驱这种出水模式来讲，是在油藏底水脊进(或锥进)为主的不稳定水驱背景下，油藏局部存在稳定水驱规律，表现在水驱导数曲线上的特征为：整体来看曲线上下波动变化大，但是曲线局部存在平稳段，具有部分稳定水驱出水模式的单井一般投产就见水或者无水采油期短，含水率曲线形态多数为厂字形，也有个别的呈直线形，出水类型以复合型为主，水驱曲线直线段不是很明显，产水特征：含水率高、含水上升速度比较快、多数井在高含水阶段采油。

1 区 TK122H 井于 2005 年 6 月 7 日投产，位于油藏边部，投产即见水，含水率曲线形态属于厂字形，属于快速上升型，8 个月后含水快速上升到 80% 以上，一直居高不下，后来经过补孔改层使得含水率降低，其水驱曲线属于常见的反 S 形，导数曲线(图 4-26)数值整体上波动大，在曲线后部分数值波动很小，基本小于 0.4，是比较平直的一段直线，这就说明 TK122H 井底水驱动在不稳定水驱的背景下局部存在稳定水驱。

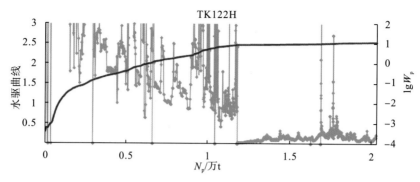

图 4-26　1 区 TK122H 井水驱曲线和水驱导数曲线

9 区 TK909H 井位于油藏边部，于 2005 年 7 月 11 日投产就见水，含水率曲线形态属于厂字形，含水上升较快，TK909H 井水驱导数曲线(图 4-27)前段波动比较大，而后段数值基本小于 0.2，比较平稳，属于部分稳定水驱出水模式的一个典型井。

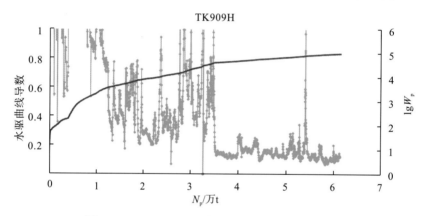

图 4-27　9 区 TK909H 井水驱曲线和水驱导数曲线

3)部分不稳定水驱

1、9 区单井部分不稳定水驱类型，1 区共计 22 口、9 区共计 8 口属于部分不稳定水驱类型。部分不稳定水驱出水模式，是指在油藏底水稳定水驱的背景下，油藏局部存在底水脊进(或锥进)水窜的生产特点。水驱导数曲线对应的特征是，整个水驱导数曲线以直线段为特征，但是部分曲线存在上下波动变化大的特点。大部分单井有比较长的无水采油期、含水率曲线形态呈反 S 形和直线形，出水类型多属于含水饱和度上升型和复合型两种，水驱曲线形态光滑、直线段平直且长。单井产水特征：无水采油期较长、含水率以 60%～80% 为主，含水上升速度较慢、生产比较稳定，日产油基本是大于 10 t。

TK101 井于 1998 年 3 月 30 日投产，位于构造高点，无水采油 478 天，含水率曲线形态是反 S 形，是一种缓慢出水型，从其生产历史来看生产相当稳定，自投产 11 年，后 2009 年 1 月含水率才突破 80%，当前含水控制在 80% 左右。TK101 井水驱曲线最前一段是直线段，对应的是投产早期的无水采油阶段，水驱曲线真正的直线段是含水上升到一定值时候水驱进入稳定阶段才出现的。导数曲线(图 4-28)以平稳段为主，曲线上下波动很小，数值基本稳定在 0.1 左右。整体来说，TK101 井以稳定水驱为主要特征，局部

(开发后期)存在底水脊进的不稳定水驱特征，属于部分不稳定水驱出水模式的典型井。

1区 TK131H 井含水率曲线形态是厂字形，属于含水快速上升型，水驱导数曲线(图 4-29)形态类似 TK101 井，整体曲线形态比较光滑、比较平稳，稳定段数值基本在 0.5 左右。综合含水率曲线、水驱曲线和水驱导数曲线说明，TK131H 井是以水驱稳定为主要特征，开发后期存在底水脊进的不稳定水驱特征，也是一口属于部分不稳定水驱出水模式的典型井。

9区 S95 井、TK907H 水驱导数曲线，曲线形态都是以平稳段为主，S95 井导数曲线稳定段数值基本在 0.2 左右，TK907H 井稳定段数值基本在 0.3 左右。同 TK131H 井一样，曲线后端存在剧烈波动，S95 井水驱导数曲线(图 4-30)波动范围为 0.1~0.8，TK907H 井水驱导数曲线(图 4-31)波动范围为 0.3~1。

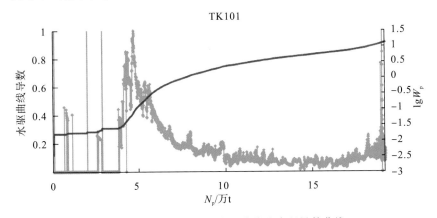

图 4-28 1区 TK101 井水驱曲线和水驱导数曲线

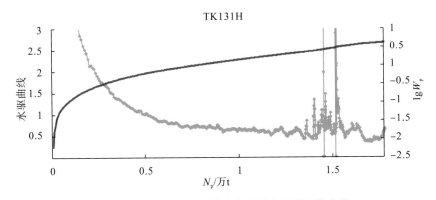

图 4-29 1区 TK131H 井水驱曲线和水驱导数曲线

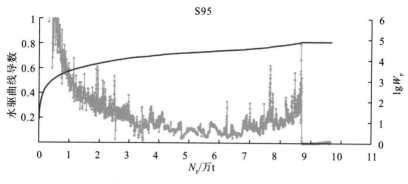

图 4-30　9 区 S95 井水驱曲线和水驱导数曲线

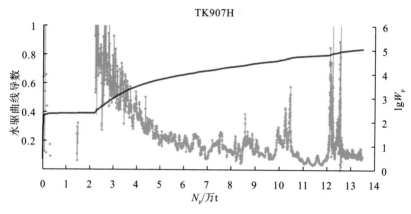

图 4-31　9 区 TK907H 井水驱曲线和水驱导数曲线

4）稳定水驱

1、9 区的稳定水驱出水，1 区共计 7 口、9 区共计 5 口属于稳定水驱类型。具有稳定水驱出水模式的单井，油藏底水稳定驱动为主要生产特点。水驱曲线形态光滑、直线段平直且长。相对应的水驱导数曲线主要特征有：曲线主要为直线段，波动变化小；大部分单井有长的无水采油期、含水率曲线形态多数为反 S 形，也有直线型，出水类型多属于含水饱和度上升型；水驱曲线形态光滑、直线段平直且长。单井产水特征有：无水采油期较长、含水率以 60%～80% 为主，其次为 20%～60%，含水上升速度较慢、生产稳定、日产油基本大于 10 t。

1 区 TK134 井水驱曲线十分光滑，直线段明显。导数曲线（图 4-32）整体形态波动变化很小，导数曲线很光滑，值基本稳定在 0.2～0.4，这是一口稳定水驱特征十分显著的井。TK134 井是 1 区的一口新井，位于构造高点，含水率曲线形态属于直线形，含水上升速度介于厂字形与反 S 形之间，产水类型属于含水饱和度上升型，TK134 井于 2008 年 11 月 30 日投产，而邻井 TK102 井此时含水率为 89%。综合含水率曲线形态、出水类型、水驱曲线和导数曲线，TK134 井是一口典型的稳定水驱出水模式的井。类似的井还有：1 区的直井 TK129、水平井 S29CH（图 4-33）、TK145。

9 区的 TK936 井水驱曲线（图 4-34）、TK944H 井水驱曲线（图 4-35）同样是很光滑的，其导数曲线虽不像 1 区的 TK134、S29CH 井的那么光滑，TK936 井、TK944H 井两口井导数曲线整体来讲数值上下波动不大，仍具有一定的稳定性，TK936 井、TK944H 井稳定段数值分别是：0.8~1.0、0.5。这 2 口井是 9 区的 2 口新井，均位于构造高点，含水率曲线形态均属于直线形，含水上升速度介于反 S 形和厂字形之间，含水上升速度比较快，从出水类型来讲属于含水饱和度上升型，综合水驱曲线、导数曲线，这 2 口井属于稳定水驱出水模式。

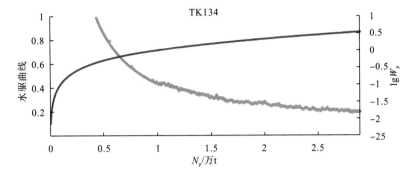

图 4-32　1 区 TK134 井水驱曲线和水驱导数曲线

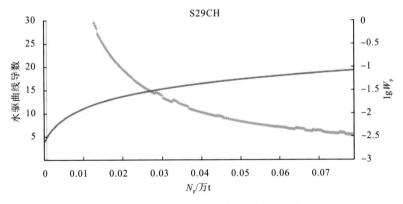

图 4-33　1 区 S29CH 井水驱曲线和水驱导数曲线

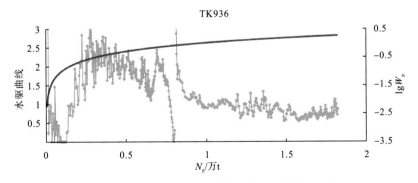

图 4-34　9 区 TK936 井水驱曲线和水驱导数曲线

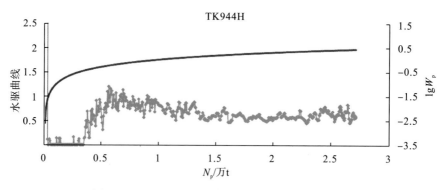

图 4-35　9 区 TK944H 井水驱曲线和水驱导数曲线

2. 1、9 区出水模式差异分析

1) 直井与水平井的出水模式差异分析

直井和水平井的渗流规律是截然不同的，油藏底水水驱规律也是有所不同的，那么直井和水平井的出水模式应该是有差异的。通过水驱导数曲线和水驱曲线，分别对 1、9 区的直井和水平井出水模式进行对比分析，发现直井和水平井出水模式存在一定的差异。

1 区的直井与水平井的出水模式统计结果见表 4-2、表 4-3 和图 4-36，很明显看出，直井中第四种模式稳定水驱所占的比例为 36％，水平井中第四种模式稳定水驱所占的比例仅为 8％，相差悬殊，11 口直井生产过程中油藏底水水驱规律是以稳定水驱为主要特征，36 口水平井底水驱动生产特点是以部分不稳定水驱为主的，也就是说，对于 1 区而言，直井底水水驱状态以稳定水驱为主，其次为部分不稳定水驱，而水平井底水水驱规律在稳定水驱过程中更突出的是局部水驱波动，表现局部底水脊进更为突出。

表 4-2　1 区直井出水模式统计表

类别	不稳定水驱	部分稳定水驱	部分不稳定水驱	稳定水驱	合计
井数/口	2	0	5	4	11
百分比/％	18	0	45	36	100

表 4-3　1 区水平井出水模式统计表

类别	不稳定水驱	部分稳定水驱	部分不稳定水驱	稳定水驱	合计
井数/口	10	6	17	3	36
百分比/％	28	17	47	8	100

9 区的直井与水平井出水模式统计结果请见表 4-4、表 4-5 和图 4-37，9 区的直井与水平井水驱规律之间的差异与 1 区的类似，比较不难发现，9 区的直井中第四种模式稳定水驱所占的比例为 43％，水平井中第四种模式稳定水驱所占的比例仅为 7％，相差更为悬殊，其他 3 种出水模式比例都是直井的明显小于水平井的，7 口直井生产过程中油藏底水水驱规律是以稳定水驱为主要特征，27 口水平井底水驱动主要生产特点是部分不稳定水驱或者部分稳定水驱，也就是说，对于 9 区而言，直井底水的稳定水驱特征更为突出，而水平井底水水驱规律则处于稳定水驱和不稳定水驱之间。更近一步说明，9 区

的水平井水驱不稳定性这一特点十分突出，这也是 9 区综合含水率上升得要比 1 区快、堵水效果比 1 区差的主要原因。

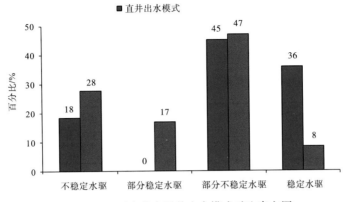

图 4-36 1 区直井水平井出水模式对比直方图

表 4-4 9 区直井出水模式统计表

类别	不稳定水驱	部分稳定水驱	部分不稳定水驱	稳定水驱	合计
井数/口	2	1	1	3	7
百分比/%	29	14	14	43	100

表 4-5 9 区水平井出水模式统计表

类别	不稳定水驱	部分稳定水驱	部分不稳定水驱	稳定水驱	合计
井数/口	11	7	7	2	27
百分比/%	41	26	26	7	100

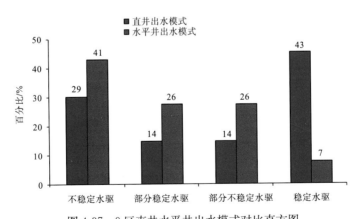

图 4-37 9 区直井水平井出水模式对比直方图

2)1、9 区的出水模式对比分析

1、9 区的出水模式差异，这对 1、9 区后期开发调整以及堵水的针对性具有重要的指导意义。

分别对 1 区的 47 口生产井、9 区的 34 口生产井的出水模式进行了统计，见表 4-6 和

表4-7。从4种出水模式所占比例来比较,1区第3种部分不稳定水驱模式所占比例最多为47%,9区则是第1种模式不稳定水驱所占比例最多,为38%。很显然,对比结果反映,1区底水水驱主要特征是局部存在底水脊进的稳定水驱,9区则是以不稳定水驱为主的生产特征,底水脊进更加严重。

表4-6 1区出水模式分类统计表

类别	不稳定水驱	部分稳定水驱	部分不稳定水驱	稳定水驱	合计
井数/口	12	6	22	7	47
百分比/%	26	13	47	15	100

表4-7 9区出水模式分类统计表

类别	不稳定水驱	部分稳定水驱	部分不稳定水驱	稳定水驱	合计
井数/口	13	8	8	5	34
百分比/%	38	24	24	15	100

3)水驱导数曲线特点分析

对比1、9区单井导数曲线,很明显,曲线形态存在一定的差异。9区数值波动范围大、曲线上下跳跃较1区更剧烈,1区数值波动范围相对小、相对稳定。1区绝大部分稳定段小于0.4,9区则是1为界限、稳定段多小于1。从这点也可以反映1区水驱特征要比9区水驱状态稳定得多。

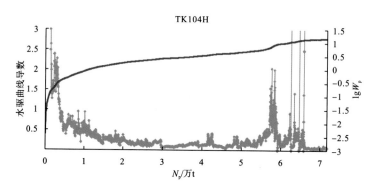

图4-38 TK104H井水驱曲线和导数曲线

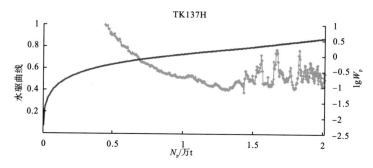

图4-39 TK137H井水驱曲线和导数曲线

　　在投产时间上，对水驱曲线的导数曲线也有影响。单井水驱导数曲线形态和单井生产时间早晚也有着密切的关系。早期投产的井，水驱导数曲线波动范围较小，也相对比较平稳，例如，TK104H(图 4-38)、TK109H 井，基本小于 0.5。而晚期投产的井，水驱导数曲线数值波动范围大，波动明显，例如，TK137H(图 4-39)、TK140H 井，明显大于 0.5。早期生产时，油藏内部水窜少，水分布稳定；后期生产时，油藏内部水分布比较复杂，水驱情况比较复杂，底水脊进发生得更加频繁。

参 考 文 献

［1］孙玉凯，高文君. 常用油藏工程方法改进与应用［M］. 北京：石油工业出版社，2007.

［2］陈元千. 水驱曲线关系式的推导［J］. 石油学报，1985，6(2)：69-77.

［3］余启泰. 余启泰油田开发论文集［M］. 北京：石油工业出版社，1999.

［4］高文君，刘瑛，范谭广. 产量递减规律与水驱特征曲线的关系［J］. 吐哈油气，2001，4(6)：37-41.

［5］张金庆，孙福街，安桂荣. 水驱油田含水上升规律和递减规律研究［J］. 油气地质与采收率，2011，18(6)：82-85.

［6］初迎利，刘冬琴. 水驱曲线直线段出现的判断方法［J］. 石油钻采工艺，1997，6(19)：63-68.

［7］刘英宪，马奎前，穆朋飞，等. 一种水驱曲线直线段合理性判断新方法［J］. 特种油气藏，2016(5)：86-88，155.

［8］陈元千，杜霞. 水驱曲线关系式的对比及直线段出现时间的判断［J］. 石油勘探与开发，1986，6：55-62.

［9］于波，孙新敏，杨勇，等. 高含水期水驱特征曲线上翘时机的影响因素研究［J］. 石油天然气学报，2008，(2)：127-131，644.

［10］孙成龙. 水驱曲线上翘时机的判定方法［J］. 石油地质与工程，2014，(3)：69-70，73.

［11］梁保红. 特高含水期水驱特征曲线上翘对油田开发的意义及判断方法研究［J］. 中国石油和化工，2016，(S1)：220，223.

［12］张健. 关于合理选择水驱特征曲线的思考［J］. 内蒙古石油化工，2015(18)：36-39.

［13］徐永梅. 水驱特征曲线的适用条件及应用［J］. 中国科技信息，2009(11)：32-33.

［14］俞启泰. 为什么要根据原油黏度选择水驱特征曲线［J］. 新疆石油地质，1998(4)：53-58，84.

［15］陈元千，陶自强. 高含水期水驱曲线的推导及上翘问题的分析［J］. 断块油气田，1997(3)：19-24.

［16］赵斌，王斌，曾丽，等. 利用水驱特征曲线确定剩余油分布研究［J］. 石油地质与工程，2010，(3)：59-61，142.

［17］Chan K S. Water control diagnostic plots［R］. SPE 30775，SPE Conference Paper，1995.

［18］Ghanim Al，Jassim A. Middle east field water production mechanisms［R］. SPE 127934，SPE Conference Paper，2010.

［19］Yortsos Y C，Yang Z M，Shan P C. Analysis and interpretation of water/oil ratio in waterfloods［J］. SPE Journal，1999，4(4).

［20］Abou-Sayed A S，Zaki K S，Wang G. Prouduced water management strategy and water injection best practices：Design，performance and water injection best practices：Design，performance and monitoring［J］. SPEPO，2007，22(1)：59-68.

［21］Cristian Elvis Aguado Sánchez. Diagnosis of water problem by providing physical meaning for the pattern Recognition［R］. SPE 169331，SPE Conference Paper，2014.

［22］陈连明，仇九成. 裂缝介质石油运移实验图像的处理与信息提取［J］. 石油大学学报：自然科学版，2000，24(4)：115-116.

［23］康永尚，郭黔杰，朱九成，等. 裂缝介质中石油运移模拟实验研究［J］. 石油学报，2003，24(4)：44-47.

［24］龙秋莲，陈秋芬，蒋海军，等. 裂缝型稠油油藏选择性堵水工艺研究［J］. 钻采工艺，2008，31(3)：43-46.

［25］闫长辉，王涛，陈青. 缝洞型碳酸盐岩油藏水驱曲线多样性与生产特征关系——以塔河油田奥陶系碳酸盐岩油藏为例［J］. 物探化探计算技术，2010，32(3)：247-253.

［26］陈青，易小燕，闫长辉，等. 缝洞型碳酸盐岩油藏水驱曲线特征——以塔河油田奥陶系油藏为例［J］. 石油与天然气地质，2010，31(1)：33-37.

[27] 马旭杰,饶丹. 塔河油田奥陶系碳酸盐岩油藏流体性质及分布规律研究[R]. 2004.

[28] 王俊明,肖建玲,周宗良,等. 碳酸盐岩潜山储层垂向分带及油气藏流体分布规律[J]. 新疆地质,2003,21
(2):210-213.

[29] 陈清华,孙述鹏. 缝洞识别技术在塔河油田的综合应用[J]. 西部探矿工程,2004(11):69-70.

[30] 杨敏. 塔河油田4区岩溶缝洞型碳酸盐岩储层井间连通性研究[J]. 新疆地质,2004,22(2):193-199.

[31] 陆生亮,段兴民,李琴,等. 覆盖区碳酸盐岩缝洞定量研究的一种新方法[J]. 石油大学学报(自然科学版),
2002,26(5):12-14.

[32] 康志宏. 碳酸盐岩油藏动态储层评价[D]. 成都:成都理工大学,2003.

[33] 鲁新便. 缝洞型碳酸盐岩油藏开发描述及评价[D]. 成都:成都理工大学,2004.

[34] 詹姆斯 N P,肖凯 P W. 古岩溶[M]. 北京:石油工业出版社,1992.

[35] 吕晓光,赵永胜,工世勇. 储层流动单元的概念及研究方法评述[J]. 世界石油工业,1998,5(6):38-43.

[36] 尹太举,张昌民,陈程,等. 建立储层流动单元模型的新方法[J]. 石油与天然气地质,1999,20(2):
171-174.

[37] 谭承军. 塔河碳酸盐岩溶缝洞型油藏流动单元研究意义[J]. 中国西部油气地质,2005,1(1):89-92.

[38] 陈清华,刘池阳,王书香,等. 碳酸盐岩缝洞系统研究现状与展望[J]. 石油与天然气地质,2002,23(2):
196-201.

[39] 陆正元,罗平. 四川盆地下二叠统断层与缝洞发育关系研究[J]. 成都理工大学学报,2003,30(1):64-67.

[40] 胡广杰,杨庆军. 塔河油田奥陶系缝洞型油藏连通性研究[J]. 石油天然气学报,2005,27(2):227-229.

[41] 耿文志,崔世南. 川南地区大型天然气储量的裂缝系统的分布规律[J]. 矿产与地质,1995,9(46):135-138.

[42] 戴弹申. 四川盆地碳酸盐岩缝洞系统形成条件及分布预测[J]. 天然气工业,1996(增刊):55-62.

[43] 唐正松. 试论缝洞系岩溶及其地质意义[J]. 西南石油学院学报,1995,17(2):15-21.

[44] 蔡瑞. 碳酸盐岩地层反射结构分析与储层预测[J]. 石油物探,2006,45(1):57-61.

[45] 贾疏源. 中国岩溶缝洞系统油气储层特征及其勘探前景[J]. 特种油气藏,1997,4(4):1-5.

[46] 李爱国,易海永,涂建斌,等. 压力交会法确定 ZG 气田石炭系气藏气水界面[J]. 天然气工业,2005,25(增
刊 A):35-37.

[47] 白国平. 包裹体技术在油气勘探中的应用研究现状及发展趋势[J]. 石油大学学报(自然科学版),2003,27(4):
136-140.

[48] 周涌沂,李阳,孙焕泉. 用毛管压力曲线确定流体界面[J]. 油气地质与采收率,2002,9(5):37-39.

[49] 张春明,方孝林,朱俊章,等. 用热解和气相色谱技术确定碳酸盐岩储集层油水界面[J]. 石油勘探与开发,
1998,25(2):24-26.

[50] 李星军,吴海波,席秉菇. 松辽盆地新站构造—岩性油气藏油水界面的确定[J]. 大庆石油地质与开发,1998,
17(1):12-13.

[51] 张宏逵. 水平井油藏工程基础[J]. 油气田开发工程译丛,1991,2-12.

[52] GIGER F M. Reservoir engineering aspects of horzantal drilling[J]. SPE,13024,1984:1-7.

[53] JOSH1 S D. Augmentation of well production usingslant and horizontal wells[J]. SPE,15375,1986:729-739.

[54] 陈玉祥,彭苏萍,刘福平,等. 水平井二维非均质不稳定渗流场数值解法[J]. 中国矿业大学学报,2003,32
(1):31-33.

[55] 李廷礼. 低渗透油藏压裂水平井产能计算新方法[J]. 中国石油大学学报:自然科学版,2006,30(2):48-52.

[56] 姜瑞忠,陶磊,张娜,等. 低渗非均质油藏水平井油水两相产能分析[J]. 中国矿业大学学报,2008,384-388.

[57] 范子菲. 底水驱动油藏水平井产能公式研究[J]. 石油勘探与开发,1993,20(1):72-75.

[58] 张望明,韩大匡,闫存章. 水平井油藏内三维势分布及精确产能公式[J]. 石油勘探与开发,1999,26(3):
15-21

[59] 阮敏,王连刚. 低渗透油田开发与压敏效应[J]. 石油学报,2002,23(3):73-76

[60] 陈明强,张明禄,蒲春生. 变形介质低渗透油藏水平井产能特征[J]. 石油学报,2007,28(1):107-110.

[61] 周丛丛,王晓冬,帅媛媛. 低渗透地层水平井的产能公式分析[J]. 新疆石油天然气,2007,3(2):36-39.

［62］刘慈群，李凡华. 非达西多维定常渗流［J］. 试采技术，1998，19(4)：1-3.

［63］姚军，刘顺，胥元刚. 低渗透油藏水平井流入动态关系的建立［J］. 中国石油大学学报(自然科学版)，2008，32 (4)：64-67.

［64］Dikken Ben J. Pressure drop in horizontal wells and its effect on production performance［J］. Journal of Petroleum Technology，1990，42(11)：1426-1433.

［65］Su Z，Gudmundsson J S. Friction factor of perforation roughness in pipes［J］. Society of Petroleum Engineers，1993，SPE26521：151-163.

［66］Su Z，Gudmundsson J S. Pressure drop in perforated pipes：experiments and analysis［J］. Society of Petroleum Engineers，1994，SPE28800：563-574.

［67］Ihara M，Kikuyama K，Mizuguchi K. Flow in horizontal wellbores with influx through porous walls［J］. Society of Petroleum Engineers，1994，SPE 28485：225-235

［68］周生田，张琪. 水平井水平段压降的一个分析模型［J］. 石油勘探与开发，1997，24(3)：49-52.

［69］李汝勇. 水平井水平段中压力分布及应用［J］. 油气井测试，1998，7(3)：29-31.

［70］李保柱，宋文杰，纪淑红. 水平井水平段压力分布研究［J］. 石油学报，2003，24(2)：97-100.

［71］张晶，胡永乐，冉启全，等. 气藏水平井产能及水平段压力损失综合研究［J］. 天然气地球科学，2010，21(1)：157-162.

［72］郎兆新，张丽华，程林松，等. 水平井与直井联合开采问题——五点法面积井网［J］. 石油大学学报(自然科学版)，1993，17(6)：50-55.

［73］刘月田. 水平井整体井网渗流解析解［J］. 石油勘探与开发，2001，28(3)：57-59.

［74］刘月田，王世军，郭小哲. 水平井网渗流分析方法及其在油藏工程中的应用［J］. 中国海上油气，2005，17(6)：384-388.

［75］张赟新，刘月田，屈亚光. 水平井注采井网渗流公式的推导及对比［J］. 大庆石油地质与开发，2009，28(6)：125-129.

［76］李亮，王雷，何龙，等. 碎屑岩水平井选择性堵水工艺及其适应性分析［J］. 长江大学学报(自然科学版).2012，9(6)：68-70.